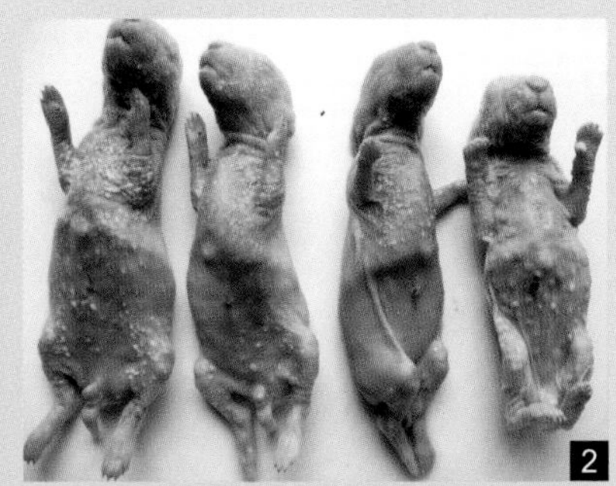

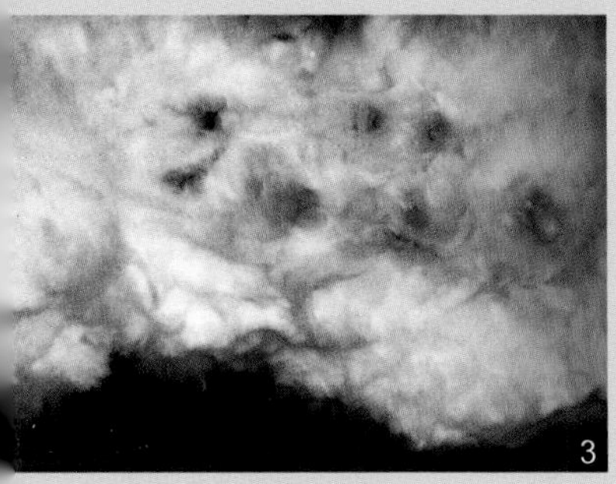

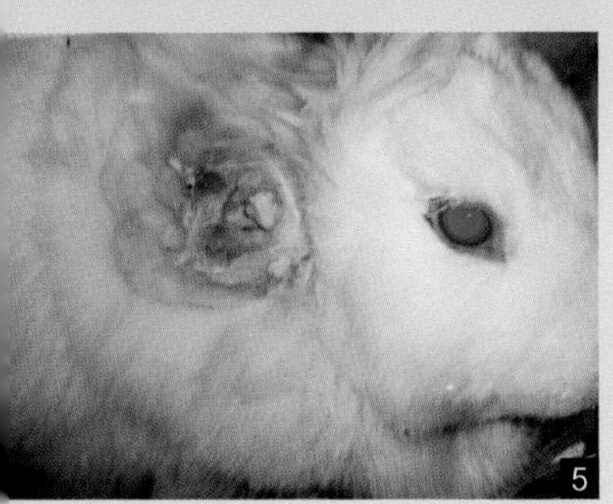

1. 葡萄球菌病：腹腔内有数个大小不等的脓肿，内有白色乳油状脓液
2. 葡萄球菌病：皮肤上散在许多粟粒大的小脓疱
3. 葡萄球菌病：数个乳头周围有脓肿形成
4. 葡萄球菌病：同窝仔兔同时发病，仔兔后肢被黄色稀便污染
5. 葡萄球菌病：颈侧有脓肿，破溃，脓液呈白色乳油状
6. 伪结核病：脾高度增大，有密集的针头大至粟粒大的坏死结节（董亚芳、王启明）
7. 波氏杆菌病：肺表面和实质见大量脓疱

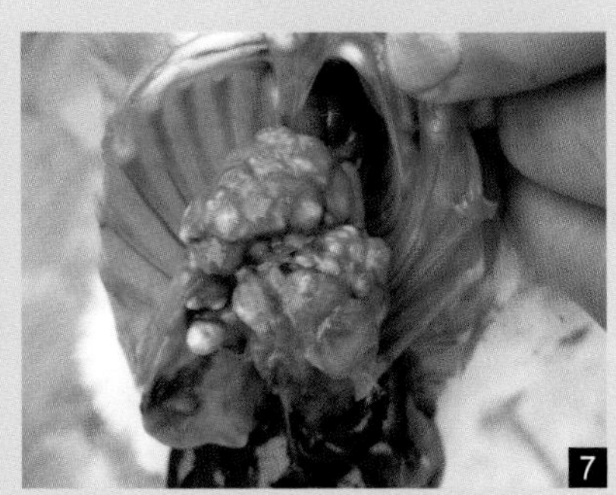

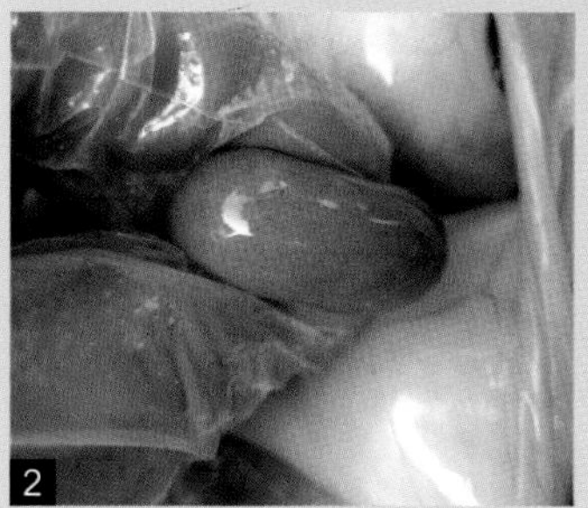

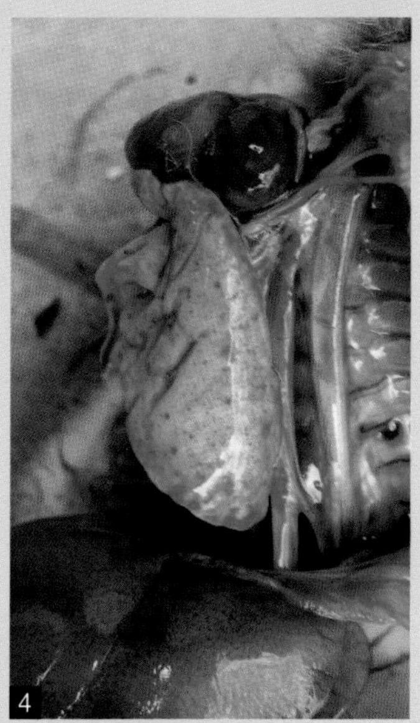

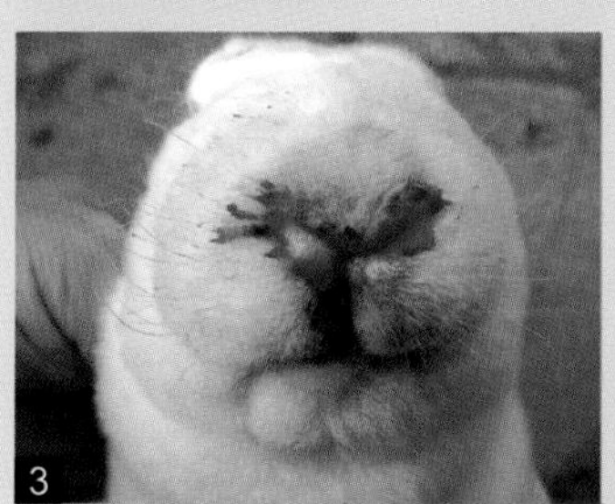

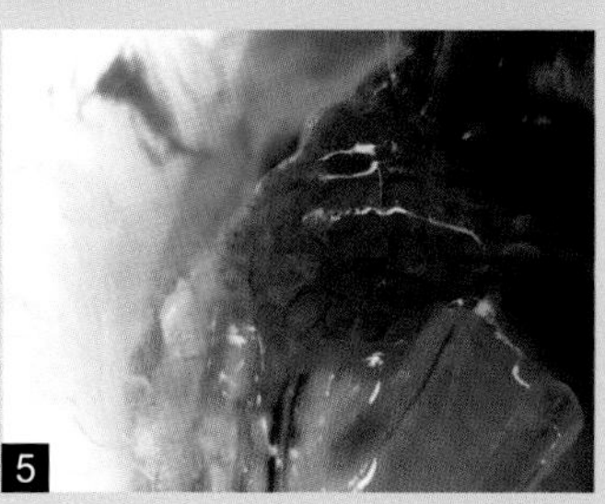

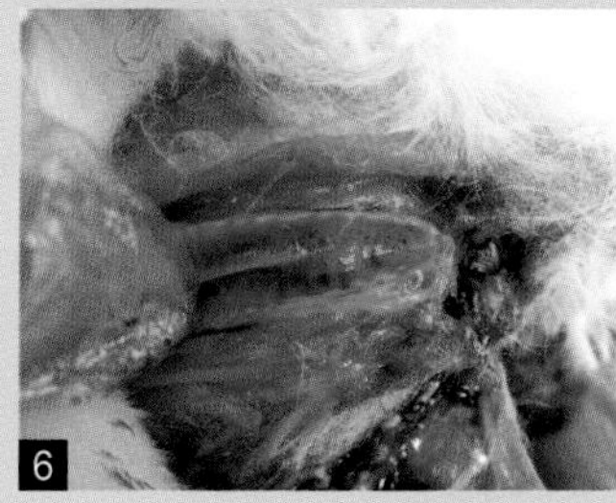

1. 绿脓杆菌病：肠腔内充满血液液体
2. 兔瘟：肾点状出血
3. 兔瘟：鼻腔内有泡沫样血液
4. 兔瘟：肺有鲜红的出血斑点
5. 兔瘟：胸腺水肿、有细小的出血点
6. 兔瘟：气管内充满血液样泡沫

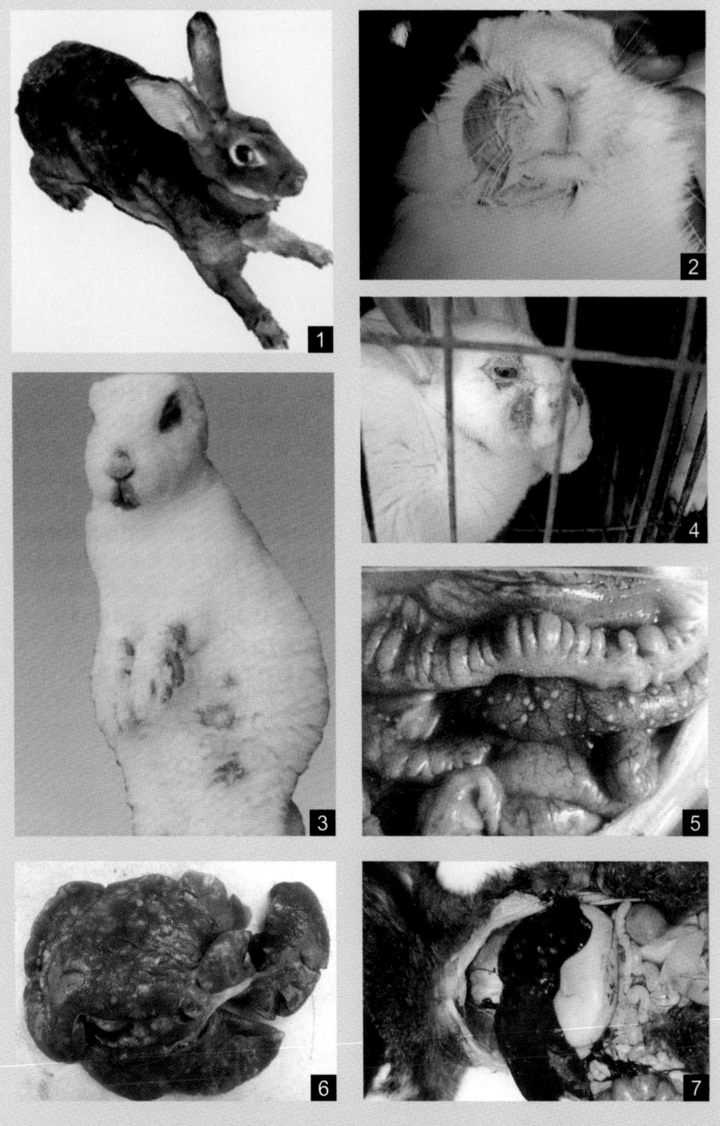

1. 破伤风：眼球突出，两耳竖立，肢体僵硬，似木马
2. 传染性口炎：病兔大量流涎，沾湿下颌、嘴角和颜面部被毛
3. 毛癣菌病：眼圈、肢部及腹部发生脱毛、充血区，并有痂皮形成
4. 毛癣菌病：颜面部、眼周围脱毛、充血、起痂
5. 球虫病：小肠黏膜呈淡灰色，有白色结节（董亚芳、王启明）
6. 球虫病：肝脏上密布大小不等的淡黄色结节，胆囊充盈
7. 球虫病：肝表面有淡黄白色圆形结节，膀胱积尿

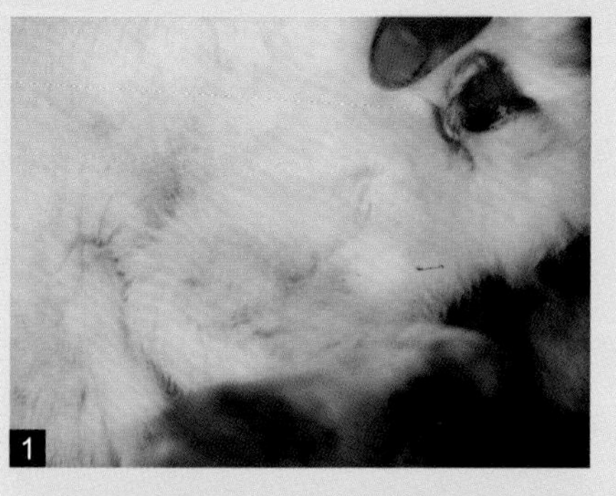

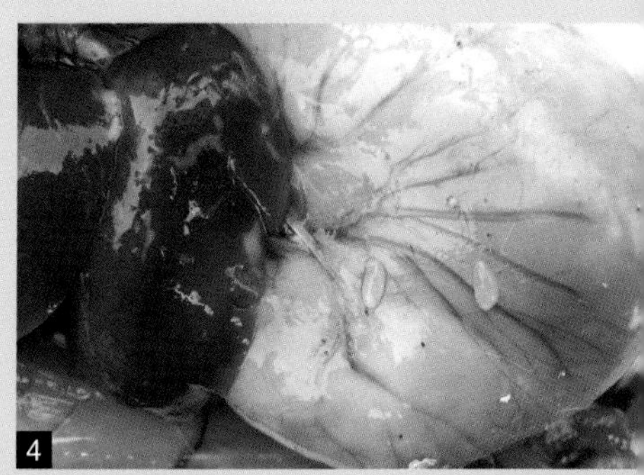

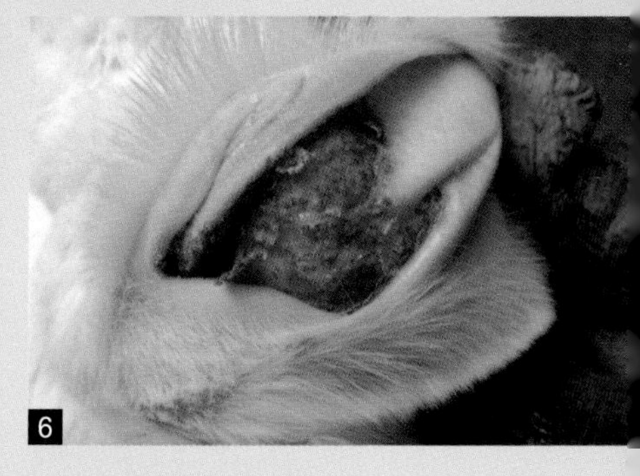

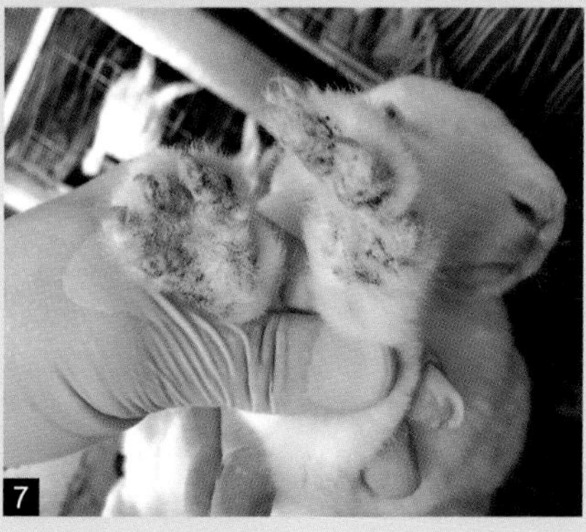

1. 密螺旋体病：阴部肿胀，皮肤上有结节、坏死
2. 脑炎原虫病：肾表面有大小不一的凹陷状病灶
3. 豆状囊尾蚴病：豆状囊尾蚴呈小泡状，有一个白色头节（任克良、李燕平）
4. 豆状囊尾蚴病：六钩蚴在肝内移行导致弯曲条纹状结缔组织增生（慢性肝炎），胃浆膜有豆状囊尾蚴寄生
5. 蛲虫病：粪便中有蛲虫
6. 痒螨病：耳郭内皮肤粗糙、结痂，有较多干燥分泌物
7. 疥螨病：患部皮肤增厚，有痂皮、溃疡、出血

兔病
诊治实用技术

TUBING ZHENZHI SHIYONG JISHU

任克良　主编

中国科学技术出版社
·北　京·

图书在版编目（CIP）数据

兔病诊治实用技术 / 任克良主编 . —北京：中国科学技术出版社，2018.1

ISBN 978-7-5046-7837-9

Ⅰ. ①兔… Ⅱ. ①任… Ⅲ. ①兔病－诊疗 Ⅳ. ① S858.291

中国版本图书馆 CIP 数据核字（2017）第 288941 号

策划编辑 王绍昱
责任编辑 王绍昱
装帧设计 中文天地
责任校对 焦 宁
责任印制 徐 飞

出　　版 中国科学技术出版社
发　　行 中国科学技术出版社发行部
地　　址 北京市海淀区中关村南大街16号
邮　　编 100081
发行电话 010-62173865
传　　真 010-62173081
网　　址 http://www.cspbooks.com.cn

开　　本 889mm × 1194mm 1/32
字　　数 204千字
印　　张 8.5
彩　　页 4
版　　次 2018年1月第1版
印　　次 2018年1月第1次印刷
印　　刷 北京威远印刷有限公司
书　　号 ISBN 978-7-5046-7837-9 / S · 710
定　　价 32.00元

本书编委会

主　编

任克良

参编人员

任克良　曹　亮

李燕平　郑建婷　王国艳

卫顺生　牛晓燕　杜雅君

冯国亮　黄淑芳　扆锁成

Preface 前言

与其他畜牧养殖相比，养兔生产投资少、周期短、收益快，是广大农民发展经济、脱贫致富的重要养殖项目之一。养兔生产实践证明，完善的设施、优良的种兔、良好的饲养管理和科学有效的兔病防控等是养兔生产取得较高经济效益的前提。其中兔病防控是广大养殖户最为棘手的问题。一方面随着养殖数量的增大，兔病发生率有所上升，尤其是群发性疾病，同时还出现了一些少见的疾病和新病，严重制约着养兔业健康发展和经济效益的提高。

为满足广大养兔生产者快速准确地诊治兔病的需要，应中国科学技术出版社之邀，笔者根据多年研究成果、长期积累的实践经验，参考国内外学者最新研究成果，编写了这本《兔病诊治实用技术》。

本书系统地介绍了兔病发生规律、综合防控措施、兔病诊断技术、兔病诊断思路及类症鉴别、兔病治疗技术，以及兔传染病、寄生虫病、普通病和遗传性疾病等的治断和防治。其中兔病诊断思路及类症鉴别一章，系统地以临床表现、剖检特点为线索，使广大养殖者能够迅速查找出所发生疾病的种类。本书介绍的兔病种类达120 余种，每种病重点介绍了病原（或病因）、流行特点、典型症状、病理特征、诊断要点、防治措施和诊治注意事项等，同时选配了典型症状、病理变化等彩色照片40余幅。

本书介绍的许多兔病防控新知识、新技术、新成果系作者在长期的兔病科研和临诊实践中积累的，尤其是在国家兔产业技术体系项目（CARS-43-B-3）、山西省攻关项目（201703D221024-4）、山西省农科院项目（YGG17092）中取得的。同时书中引用借鉴了一些国内外学者取得的研究成果，在此一并表示感谢。

本书的顺利出版得到国家兔产业技术体系（CARS-43-B-3）的资助，以及山西省农科院畜牧兽医研究所、国内兔业学者的大力支持，在次表示感谢。

尽管作者做了不小的努力，但因时间仓促和水平有限，本书肯定存在不少缺点和错误，恳请广大读者提出批评意见，以便再版时进行修订，使本书日臻完善。

任克良

Contents 目录

第一章

兔病发生规律和综合防控措施

家兔体型小，抗病力差，一旦患病往往来不及治疗或治疗费用高，为此，生产中严格遵循“预防为主，防重于治”的原则，根据家兔的生物学特性，依据兔病发生基本规律，采取兔病综合防控技术措施，保障兔群健康，提高养兔经济效益。

一、兔病发生的基本规律

（一）兔病发生的原因

兔病是机体与外界致病因素相互作用而产生的损伤与抗损伤的复杂的斗争过程。在这个过程中，机体对环境的适应能力降低，家兔的生产能力下降。

兔病发生的原因一般可分为外界致病因素和内部致病因素两大类。

1. 外界致病因素 是指家兔周围环境中的各种致病因素。

（1）生物性致病因素 包括各种病原微生物（细菌、病毒、真菌、螺旋体等）和寄生虫（如原虫、蠕虫等），主要引起传染病、寄生虫病、某些中毒病及肿瘤等。

（2）化学性致病因素 主要有强酸、强碱、重金属盐类、农药、化学毒物、氨气、一氧化碳、硫化氢等化学物质，可引起中毒性疾病。

（3）物理性致病因素 指炎热、寒冷、电流、光照、噪音、气压、湿度和放射线等诸多因素，有些可直接致病，有些可促使其他疾病的发生。如炎热而潮湿的环境容易中暑，高温可引起烧伤，强烈的阳光长时间照射可导致日射病，寒冷低温除可造成冻伤外，还能削弱家兔机体的抵抗力而促使感冒和肺炎的发生等。

（4）机械性致病因素 是指机械力的作用。大多数情况下这种病因来自外界，如各种击打、碰撞、扭曲、刺戳等可引起挫伤、扭伤、创伤、关节脱位、骨折等。个别的机械力来自体内，如体内的肿瘤、寄生虫、肾结石、毛球和其他异物等，可因其对局部组织器官造成的刺激、压迫和阻塞等而造成损害。

（5）其他因素 除上述各种致病因素外，机体正常生理活动所需的各种营养物质和机能代谢调节物质，如蛋白质、糖、脂肪、矿物质、维生素、激素、氧气和水等，因供给不足或过量，或是体内产生不足或过多，也都能引起疾病。

此外，应激因素在兔病发生的意义也受到重视。

2. 内部致病因素 兔病发生的内部因素主要是指兔体对外界致病因素的感受性和抵抗力。机体对致病因素的易感性和防御能力与机体的免疫状态、遗传特性、内分泌状态、年龄、性别和兔的品种等因素有关。

（二）兔病的分类

根据兔病发生的原因可将兔病分为传染病、寄生虫病、普通病和遗传病等四种。

1. 传染病 是指由病原微生物侵入机体而引起的具有一定潜伏期和临床表现，并能够不断传播给其他个体的疾病。常见的传染病有病毒性传染病、细菌性传染病和真菌性传染病等。

2. 寄生虫病 是由各种寄生虫侵入机体内部或侵害体表而引起的一类疾病。常见的有原虫病、蠕虫病和外寄生虫病等。

3. 普通病 是由一般性致病因素引起的一类疾病。引起兔普通病常见的病因有创伤、冷、热、化学毒物和营养缺乏等。临床上，常见的普通病有营养代谢病、中毒性疾病、内、外科及其他病等。

4. 遗传病 是指由于遗传物质变异而对动物个体造成有害影响，表现为身体结构缺陷或功能障碍，并且这种现象能按一定遗传方式传递给其后代的疾病。如短趾、八字腿、白内障、牛眼等。

（三）兔病发生的特点

与其他动物相比，家兔的疾病发生、发展和防治不同，有其如下特点。了解这些特点，有助于养兔生产者做好兔病防控工作。

第一，机体弱小，抗病力差。与其他动物相比，家兔体小、抗病力差，容易患病，治疗不及时死亡率高。同时由于单个家兔经济价值较低，因此在生产中必须贯彻“预防为主，防重于治”的方针，及早发现，及时治疗。

第二，消化道疾病发生率较高。家兔腹壁肌肉较薄，且腹壁紧着地面，若所在环境温度低，导致腹壁着凉，肠壁受冷刺激时，肠蠕动加快，特别容易引起消化功能紊乱，引起腹泻，继而导致大肠杆菌、魏氏梭菌等疾病的发生，为此，应保持家兔所在环境温度相对恒定十分重要。

第三，拥有类似与牛、羊等反刍动物瘤胃功能的盲肠，其中微生物区系易受饲养管理的影响。家兔属小型草食动物，对饲草、饲料的消化主要靠盲肠微生物的发酵来完成。因此，保持盲肠内微生物区系相对恒定，是降低消化道疾病发生率的关键问题。为此生产中要坚持“定时、定量、定质，更换饲料要逐步进行”的原则。同时，治疗疾病时慎重选择抗生素种类，如果选用种类或使用方法不当，如长期口服大量抗生素，就会杀死或破坏兔盲肠中的微生物区系，导致消化紊乱。这一特点要求我们在预

防、治疗兔病中要注意慎重选择抗生素的种类，使用一种新的抗生素要先做小试，同时给药方式以采取注射方式为宜，也要注意用药时间、剂量等。

第四，大兔耐寒怕热，小兔怕冷。高温季节要注意中暑的发生。小兔要保持适宜的舍温。

第五，家兔抗应激能力差。气候、环境、饲料配方、饲喂量等突然变化，往往极易导致家兔发生疾病，因此在生产的各个环节要尽量减少各种应激，以保障兔群健康。

二、兔病综合防控措施

（一）加强饲养管理

1. 重视兔场、兔舍建设，创造良好的生活环境　兔场规划、建设在满足家兔生理特性外，还应注意卫生防疫。兔舍是家兔生存的基本环境，也是家兔生产的必要基础。兔舍的小环境因素（包括温度、湿度、光照、噪音、尘埃、有害气体、气流变化等），时刻都在影响着兔体，生活在良好小环境中的家兔生长发育良好，发病率低，生产效率高，否则生产性能下降，严重者会患病死亡。为此，修建兔舍时应根据家兔的生活习性和生理特性，结合所在地区的气候特点和环境条件，同时考虑拟饲养的家兔类型、品种、数量、饲养方式及投资力度等，选择、设计和建造有利于兔群健康，符合卫生条件，便于饲养管理，有利于控制疾病，能提高劳动生产力，科学实用的兔舍。

给家兔提供良好的生活环境，保持适宜的温度、湿度、光照和通风换气，夏防暑、冬防寒，春秋防气候突变，四季防潮湿，以获得较高的生产水平，保证兔群健康。

2. 合理配制饲粮，饲喂要定时、定量、定质，更换饲料逐步进行　家兔属草食动物，应以青、粗饲料为主，精料为辅。目前饲养家兔的饲料有颗粒饲料和混合粉料等，配方要求饲料种类多样化，营养成分全面而平衡，符合饲养标准，以保证兔群正常生长发育，防止发生营养缺乏症。

“定时”就是固定每天饲喂的时间和次数，这样可使家兔养成定时采食、排泄的习惯，从而有规律地分泌消化液，促进消化吸收。“定量”就是依据兔的生理状态、季节和饲料特点，确定每日大致饲喂量，不可忽多忽少，这样既可增强家兔的食欲，又可提高饲料利用率，利于促进家兔生长，减少疾病尤其是消化道疾病的发病率。“定质”就是家兔的饲料配方要相对稳定。必须更换饲料时，要逐步过渡，先更换 1/3，间隔 2～3 天再更换 1/3，约 1 周左右全部更换完，使家兔的采食习惯和消化机能逐渐适应变换的饲料。如突然改变饲料，易引起家兔消化不良，腹泻或便秘，甚至诱发大肠杆菌病、魏氏梭菌病等。

目前我国已研制出家兔定时定量自动饲喂系统。国外多用自动饲喂系统，要求按照自由采食方式设计饲料配方。

3. 按照家兔不同的生理阶段实行科学的饲养管理

（1）**仔兔**　从出生至断奶的小兔为仔兔。这一阶段要使仔兔早吃奶（初乳），吃足奶，防饿死，防黄尿病，防冻死，防兽害，防被母兔残食，防意外伤残。从第十八天开始，应及时补给易消化、富有营养的饲料，同时应添加抗球虫药，适时断奶。断奶采取断奶不离窝为宜。

（2）**幼兔**　断奶至 3 月龄为幼兔。实践证明，幼兔最难饲养，应给富含蛋白质又易消化的饲料，饲喂少量多次，定时、定量、定质，预防球虫病，接种各种疫苗，是这一阶段的重要工作内容，同时保持兔舍清洁卫生。

（3）**青年兔**　3～6 月龄的兔为青年兔。此时公、母兔应分开饲养，防止早配。青年兔代谢旺盛、采食量大，日粮中应适当加大粗饲料的比例，这样有利于兔的健康，又可以降低饲养成本。

（4）**妊娠母兔** 妊娠母兔日粮营养以中等水平为宜，妊娠中后期要防止捕捉、拔毛，避免各种不良刺激，以防流产。有沙门氏杆菌流产史的兔场，在妊娠初期应接种沙门氏杆菌灭活苗进行预防。产前要对产箱进行清洗、消毒，放入刨花等垫草，预产期要有人值班，以防发生意外事故。

（5）**哺乳母兔** 母兔哺乳期一般为28～42天，此期除应保持兔舍、兔笼清洁卫生，环境安静，饲料多样化，营养丰富、适口性好外，还应根据哺乳仔兔数、产后天数等决定饲喂量。产后2～3天应减少精料喂量，经常检查母兔乳房，防止发生乳房炎。

（6）**种公兔** 种公兔要一笼一兔，以防相互咬斗。兔笼地板要光滑，经常清扫消毒，以防发生生殖器官疾病。公兔的日粮要注意添加维生素A，维生素D，维生素E和微量元素锌、铁、铜、锰、硒等，以提高配种受胎率。配种前检查公母兔的生殖器是否有炎症和兔梅毒等疾病。公兔1天可交配1～2次，连续2天，休息1天。提倡人工授精技术的利用和普及，提高配种效率，控制疾病传播。

4. 加强选种，制定科学繁育计划，降低遗传性疾病发病率 遗传性疾病是病兔及其父母的遗传因素所决定的，并非由外界因素（如致病微生物、饲料、环境等）所致。选种时严格淘汰如牛眼、牙齿畸形、八字腿、白内障、垂耳畸形、侏儒、震颤、脑积水、癫痫等个体。同时制定科学繁育计划，避免近亲繁殖，提高后代生产性能和降低群体遗传性疾病的发病率。

5. 培育健康兔群 发达国家花费巨大人力和财力培育无特定病原（SPF）群，此做法目前我国广大农户很难做到，但要创造条件，培育健康兔群，组成核心群。经常注意定期检疫与驱虫，淘汰带菌、带毒、带虫兔，保持相对无病状态。同时加强卫生防疫工作，严格控制各种传染性病原的侵入，保证兔群的安全与健康。培育健康兔群常用的方法有人工哺乳法和保姆寄养法，

其所用的兔舍、兔笼、饲料、饮水、用具及铺垫物等，均需经过消毒处理，防止污染。饲养人员应专职固定，严格管理。

（二）坚持自繁自养，慎重引种

养兔场（户）应选用经培育的生产性能优良的公、母种兔进行自繁自养，这样既可以降低养兔成本，又能防止引种带入疫病。为了调换血统，必须引进新的品系、品种时，只能从非疫区购入，经当地兽医部门检疫，并发给检疫合格证，再经本场兽医验证、检疫，在离生产区较远的地方，隔离饲养观察，确认健康者，经驱虫、消毒（没有接种疫苗的补注疫苗）后，方可进入生产区混群饲养。

涉及进出境的动物检疫，按《中华人民共和国进出境动植物检疫法》执行，对家兔重点检疫兔瘟、黏液瘤病、魏氏梭菌病、巴氏杆菌病、密螺旋体病、野兔热、球虫病和螨病等。

（三）减少各种应激因素的影响

所谓应激因素，是指那些在一定条件下能使家兔产生一系列全身性、非特异性的反应。常见的应激因素有密集饲养、气候骤变、突然更换饲料、更换场舍、刺号、称重、接种疫苗、炎热、长途运输、噪音惊吓、追赶、捕捉、发生咬架、创伤、饥饿、过度疲劳等，在应激因素作用下，家兔机体所产生的一系列反应叫作应激反应，此时动物处于应激状态，在该状态下，所表现的各种反应是家兔企图克服各种刺激的危害，这样不仅影响家兔生长发育，加重原有疾病的病情，还可诱发新的疾病，有时甚至导致动物死亡。养兔生产中，应尽量减少各应激因素的发生，或将应激强度、时间降到最低。如仔兔断奶采用原笼饲养法，断奶、刺号间隔进行，长途调运采用铁路运输为佳，兔舍饲养密度不宜过大，饲料配方变化逐渐进行，严禁生人或野兽进入兔群等。日粮中添加维生素 C，可降低家兔应激反应。

（四）建立严格的卫生防疫制度并认真贯彻落实

1. 进入场区要消毒 在兔场和生产区门口及不同兔舍间，设消毒池或紫外线消毒室，池内消毒液要经常保持有效浓度，进场人员和车辆等须经消毒后方可入内（图 1–1）。兔场工作人员进入生产区，应换工作服、穿工作鞋、戴工作帽，并经过消毒间经消毒后进入，出来时脱换。在区内不能随便串岗串舍。非饲养人员未经许可不得进入兔舍。

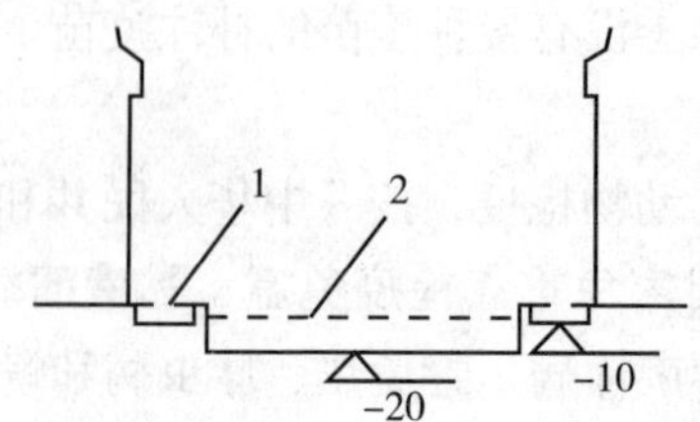

图 1–1 兔场大门口车辆消毒池及人的脚踏消毒池断面（单位：米）
1. 脚踏消毒池 2. 车辆消毒池

2. 场内谢绝参观，禁止其他闲杂人员和有害动物进入场内 兔场原则上谢绝入场进舍参观，无法避免的参观或检查者按场内工作人员对待，严格遵守各种消毒规章制度。严禁商贩、场外车辆、用具进入场区，已调出的兔严禁再返回兔舍，种兔场种兔不准对外配种，场区内不准饲养其他畜禽。兔场要做到人员、清粪车、饲喂等用具相对固定，不准乱拿乱用。

3. 搞好兔场环境卫生，定期清洁消毒 首先饲养人员要注意个人卫生，结核病人不能在养兔场工作。兔笼、兔舍及周围环境应天天打扫干净，经常保持清洁、干燥，使兔舍内温度、湿度、光照适宜，空气清新无臭味、不刺眼。食槽、水槽和其他器具也应保持清洁，定期对兔笼、地板、产箱、工作服等进行清洗、消毒，兔舍每隔 1～2 个月，全场每隔半年至 1 年进行 1 次大扫除和消毒，清扫的粪便及其他污物等，应集中堆放于远离兔舍的地方进行焚烧、喷洒化学消毒药、掩埋或做生物发酵消毒处理。生物发酵经30天左右，方可作为肥料使用。

4. 杀虫灭鼠防兽，消灭传染媒介　蚊、蝇、虻、蜱、跳蚤、老鼠等是许多病原微生物的宿主和携带者，能传播多种传染病和寄生虫病，要采取综合措施设法消灭。首先修建兔舍时，与外界相通的道口要加装铁丝网或窗纱，下水道要加隔网，防止蚊、蝇、老鼠出入，同时结合场（舍）日常清扫、消毒工作，彻底清除场（舍）内外杂物、垃圾及乱草堆等，填平死水坑。使鼠类无藏身繁殖场所，蚊蝇无法滋生。可选用敌敌畏、敌百虫、灭蚊净、蝇毒磷、灭害灵等杀虫剂喷洒杀虫。老鼠等鼠类不仅偷吃饲料，残食初生仔兔，还可以携带病原，传播疾病，兔场必须做好灭鼠工作。

犬、猫等动物易传播许多疾病，如豆状囊尾蚴、弓形体病等，也易造成惊群。因此，养兔场应禁止饲养犬、猫等动物，必须饲养时必须加强管理，并对其进行定期检疫和驱虫。

5. 严格执行消毒制度　消毒是预防兔病的重要一环。其目的是消灭散布于外界环境中的病原微生物和寄生虫，以防止疾病的发生和流行。在消毒时要根据病原体的特性、被消毒物体的性能和经济价值等因素，合理地选择消毒剂和消毒方法。

兔场要建立严格的消毒制度，兔舍、兔笼及用具每季度进行1次大清扫、大消毒，每周进行1次重点消毒。

（1）兔舍消毒　应先彻底清除剩余饲料、垫草、粪便及其他污物，用清水冲洗干净，待干燥后进行药物消毒。可选用2%热烧碱水溶液、20%～30%热草木灰水溶液、5%～20%漂白粉水溶液、10%～20%石灰乳、4%热碳酸钠水溶液、0.5%～5%氯胺水溶液或0.05%百毒杀等。当用腐蚀性较强的消毒药消毒后，必须用清水冲洗，待干燥后才能放入兔子。

（2）场地消毒　在清扫的基础上，除用上述消毒药外，还可选用5%来苏儿、1%～3%农福、3%～5%臭药水、2.5%～10%

优氯净、2%～4% 福尔马林水溶液、0.5% 过氧乙酸等。

（3）**兔笼及用具**　应先将污物去除，用清水洗刷干净，干燥后再进行药物消毒。金属用具可用0.1%新洁尔灭、0.1%洗必泰、0.1% 度米芬、0.1% 消毒净或0.5% 过氧乙酸等。木制品的消毒可用 1%～3% 热烧碱水、5%～10% 漂白粉水、0.1% 新洁尔灭、0.5% 过氧乙酸、0.1% 消毒净、0.5% 消毒灵、0.03% 百毒杀或 5% 优氯净等。兔笼、产箱等耐火焰的用具用火焰消毒效果最好。

（4）**仓库消毒**　常用5%过氧乙酸溶液，福尔马林熏蒸消毒。

（5）**毛、皮消毒**　常用环氧乙烷等消毒。

（6）**医疗器械消毒**　除煮沸或蒸气消毒外，常用药物有0.1%洗必泰、0.1% 新洁尔灭、0.05% 消毒宁（加亚硝酸钠 0.5%）、0.1% 度米芬水溶液。

（7）**工作服、手套**　可用肥皂水煮沸消毒或高压蒸气消毒。

（8）**粪便及污物**　可采用烧毁、掩埋或生物热发酵等。

（五）制定科学合理的免疫程序并严格实施

免疫接种是预防和控制家兔传染病十分重要的措施。免疫接种就是用人工的方法，把疫苗或菌苗等注入家兔体内，从而激发兔体产生特异性抵抗力，使易感的家兔转化为有抵抗力的家兔，以避免传染病的发生和流行。

1. 家兔常用的疫苗　目前家兔常用的疫苗种类、使用方法及注意事项见表 1–1。

表 1–1　常用疫苗种类和用法

疫（菌）苗名称	预防的疾病	使用方法及注意事项	免疫期
兔瘟灭活苗	兔瘟	30～35 日龄初次免疫，皮下注射 2 毫升；60～65 日龄二次免疫，剂量 1 毫升，以后每隔 5.5～6.0 个月免疫 1 次，5 天左右产生免疫力	6 个月

续表 1-1

疫（菌）苗名称	预防的疾病	使用方法及注意事项	免疫期
巴氏杆菌灭活苗	巴氏杆菌病	仔兔断奶免疫，皮下注射 1 毫升，7 天后产生免疫力，每只每年注射 3 次	4～6 个月
波氏杆菌灭活苗	波氏杆菌病	母兔配种时注射，仔兔断奶前 1 周注射，以后每隔 6 个月皮下注射 1 毫升，7 天后产生免疫力，每只每年注射 2 次	6 个月
魏氏梭菌（A 型）氢氧化铝灭活苗	魏氏梭菌性肠炎	仔兔断奶后即皮下注射 2 毫升，7 天后产生免疫力，每只每年注射 2 次	6 个月
伪结核灭活苗	伪结核耶新氏杆菌病	30 日龄以上兔皮下注射 1 毫升，7 天后产生免疫力，每只每年注射 2 次	6 个月
大肠杆菌病多价灭活苗	大肠杆菌病	仔兔 20 日龄进行首免，皮下注射 1 毫升，待仔兔断奶后再免疫 1 次，皮下注射 2 毫升，7 天后产生免疫力，每只每年注射 2 次	6 个月
沙门氏杆菌灭活苗	沙门氏杆菌病（下痢和流产）	妊娠初期及 30 日龄以上的兔，皮下注射 1 毫升，7 天后产生免疫力，每只每年注射 2 次	6 个月
克雷伯氏菌灭活苗	克雷伯氏菌病	仔兔 20 日龄进行首免，皮下注射 1 毫升，仔兔断奶后再免疫 1 次，皮下注射 2 毫升，每只每年注射 2 次	6 个月
葡萄球菌病灭活苗	葡萄球菌病	每只皮下注射 2 毫升，7 天后产生免疫力	6 个月
呼吸道病二联苗	巴氏杆菌病，波氏杆菌病	妊娠初期及 30 日龄以上的兔，皮下注射 2 毫升，7 天后产生免疫力，母兔每年注射 2 次	6 个月
兔瘟－巴氏－魏氏三联苗	兔瘟、巴氏杆菌病、魏氏梭菌病	青年、成年兔每只皮下注射 2 毫升，7 天后产生免疫力，每只每年注射 2 次。不宜作初次免疫	4～6 个月

2. 免疫接种类型 家兔免疫接种类型有以下两种。

(1)预防接种 为了防患于未然，平时必须有计划地给健康兔群进行免疫接种。

(2)紧急接种 在发生传染病时，为了迅速控制和扑灭疫病的流行，而对疫群、疫区和受威胁区域尚未发病的兔群进行应急性免疫接种。实践证明，在疫区内使用兔瘟、魏氏梭菌、巴氏杆菌、支气管败血波氏杆菌等疫（菌）苗进行紧急接种，对控制和扑灭疫病具有重要作用。

紧急接种除使用疫（菌）苗外，也常用免疫血清。免疫血清虽然安全有效，但常因用量大、价格高、免疫期短，大群使用往往供不应求，目前在生产上很少使用。

3. 推荐的兔群疾病防控措施 为了保障兔群安全生产，促进养兔业健康发展和经济效益的提高，养兔场、户应根据兔病最新流行特点和本场兔群实际情况，制定科学、合理的兔群防疫程序并严格执行。根据笔者研究结果和生产实践，以下程序可供参考。

（1）17～90 日龄仔、幼兔每千克饲料中加 150 毫克氯苯胍、1 毫克地克珠利或兔宝 1 号（山西省农业科学院畜牧所研究成果），可有效预防兔球虫病的发生。治疗剂量加倍。目前添加药物是预防家兔球虫病最有效、成本最低的一种措施。

（2）产前3天和产后5天的母兔，每天每只喂穿心莲1～2粒，复方新诺明片 1 片，可预防母兔乳房炎和仔兔黄尿病的发生。对于乳房炎、仔兔黄尿病、脓肿发生率较高的兔群，除改变饲料配方、控制产前、产后饲喂量外，繁殖母兔每年应注射两次葡萄球菌病灭活疫苗，剂量按说明。

（3）20～25 日龄仔兔注射大肠杆菌疫苗，以防因断奶等应激造成大肠杆菌的发生。有条件的大型养兔场可用本场分离到的菌株制成的疫苗进行注射，预防效果确切。

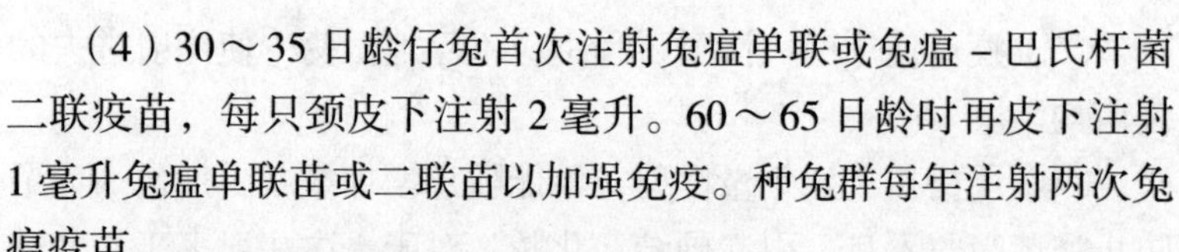

（4）30～35日龄仔兔首次注射兔瘟单联或兔瘟－巴氏杆菌二联疫苗，每只颈皮下注射2毫升。60～65日龄时再皮下注射1毫升兔瘟单联苗或二联苗以加强免疫。种兔群每年注射两次兔瘟疫苗。

（5）40日龄左右注射魏氏梭菌疫苗，皮下注射2毫升，免疫期为6个月。种兔群应注射魏氏梭菌菌苗，每年2次。

（6）根据兔群情况，应注射大肠杆菌、波氏杆菌疫苗等。

（7）每年春秋两季对兔群进行2次驱虫，可用伊维菌素皮下或口服用药，不仅对兔体内寄生虫如线虫有杀灭作用，也可以治疗兔体外寄生虫如疥螨、蚤虱等。

（8）毛癣菌病的预防。引种必须从健康兔群中选购，引种后必须隔离观察至第一胎仔兔断奶时，如果仔兔无本病发生，才可以混入原兔群。严禁商贩进入兔舍。一旦发现兔群中有眼圈、嘴圈、耳根或身体任何部位有脱毛，脱毛部位有白色或灰白色痂皮，及时隔离，最好淘汰，并对其所在笼位及周围环境用2%火碱或火焰进行彻底消毒。

（9）中毒病的预防。目前为害养兔生产的主要问题是饲料霉变中毒问题，因此对使用的草粉、玉米等原料应进行全面、细致的检查，一旦发现有结块、发黑、发绿、有霉味、含土量大等，应坚决弃之不用。饲料中添加防霉制剂对预防本病有一定的效果。饲料中使用菜籽饼、棉籽饼等时，要经过脱毒处理，同时添加量应不超过5%，仅可饲喂商品兔。

4. 免疫注意事项

（1）购买疫苗时，最好使用国家正式批准生产厂家的疫苗，同时应认真检查疫苗的生产日期、有效期及用法用量说明。另外还要检查苗瓶有无破损、瓶塞有无脱落与渗漏，禁止使用无批号或有破损的疫苗。

（2）注射用针筒、针头要经煮沸消毒15～30分钟、冷却后方可使用。疫区应做到一兔一针头。

（3）疫苗使用前、注射过程中应不停地振荡，使注射进去的疫苗均匀。

（4）严格按规定剂量注射，不能随意增加或减少剂量。为了防止疫苗吸收不良，引起硬结、化脓，对于一次注射多于2毫升的疫苗，针头进入皮下后，做扇形运动，一边运动，一边注射疫苗，或在两个部位各注射一半。

（5）当天开瓶的疫苗当天用完，剩余部分要坚决废弃。

（6）临产母兔尽量避免注射疫苗，以防因抓兔而引起流产。

（7）防疫注射必须在兽医人员的指导、监督下进行，由掌握注射要领的人员实施，一定要认真仔细安排，由前到后，由上到下逐个抓兔注射，防止漏注。对未注射的家兔应及时补注。

（8）同一季节需注射多种疫苗时，未经联合试验的疫苗宜单独注射，且前后两次疫苗注射间隔时间应在7天左右。

（9）兽医人员要填写疫苗免疫登记表，以便安排下一次防疫注射日期。

（10）疫苗空瓶要集中作无害化处理，不能随意丢弃。

（11）使用的药物和添加剂要充分搅拌均匀。使用一种新的饲料添加剂或药物，先做小批试验，确定安全后方可大群使用。

（六）有计划地进行药物预防及驱虫

对兔群应用药物预防疾病，是重要的防疫措施之一，尤其在某些疫病流行季节之前或流行初期，应用安全、低廉、有效的药物加入饲料、饮水或添加剂中进行群体预防和治疗，可以收到显著的效果。

（七）加强饲料质量检查，注意饲料、饮水卫生，预防中毒病

俗话说“病从口入”，饲料、饮水卫生的好坏与家兔的健康密切相关，应严格按照饲养管理的原则和标准实施，饲料从采

购、采集、加工调制到饲料保存、利用等各个环节，要加强质量和卫生检查与控制。严禁饲喂发霉、腐败、变质、冰冻饲料，保证饮水清洁而不被污染。

预防中毒病的发生是养兔生产者，尤其是规模养兔场不可忽视的一个重要工作。常见的中毒病有以下几种。

1. 药物中毒　主要是驱虫药物中毒和其他磺胺类、呋喃类、抗生素、抗球虫药物中毒。常见的有土霉素、喹乙醇、马杜拉霉素、氯苯胍等中毒。预防措施：①严格按药物说明书使用，剂量要准确，不能随意加大用药量和用药时间；②加入饲料中的药物要充分搅拌均匀；③预防和治疗疾病，尽量避免用治疗量与中毒量相近的药物，如抗球虫病用的马杜拉霉素等。

2. 饲料中毒　常见的有棉籽饼、菜籽饼、马铃薯、食盐等中毒。预防措施：①控制用量。家兔日粮中棉籽饼、菜籽饼以不超过5%为宜，食盐用量以0.3%～0.5%为宜，不用发芽、发绿、腐烂的马铃薯等；②脱毒。用经脱毒处理的棉籽饼、菜籽饼喂兔，既可防止中毒，又可适当提高日粮中所占比例，降低饲料成本。

3. 霉变饲料中毒　霉变饲料中毒在养兔生产中经常发生。预防措施：①收集、选购时要严格进行质量检查；②贮放饲料间要干燥、通风，温度不宜过高，控制饲料中水分含量，以防饲料发生霉败；③添加防霉剂，可有效防止饲料发霉，常用的有丙酸、丙酸钠、延胡索酸、克霉、霉敌、万保香等；④饲喂前要仔细检查饲料质量，如发现饲料出现霉变，就应坚决废弃，严禁饲喂；⑤炎热季节，每次给兔加料量不宜太多，以防饲料槽底积料发霉。

4. 有毒植物中毒　常见的有毒植物有：茴菜、毒芹、乌头、曼陀罗花、毒人参、野姜、高粱苗等。预防措施：①了解本地区的毒草种类；②饲喂人员要提高识别毒草的能力；③凡不认识或怀疑有毒的植物，一律禁喂。

5. 农药中毒　常用的农药，如有机磷化合物（敌百虫、敌敌畏、乐果等），主要用于农作物杀虫剂和治疗动物的外寄生虫

病。如果家兔采食了刚喷洒过农药的植物，或饲料源被农药污染，或治疗兔疥螨等体外寄生虫时，用药不当，均可引起家兔中毒。预防措施：①妥善保管好农药，防止饲料源被农药污染；②严格控制青饲料的来源，采集青饲料的工作人员要有高度责任感，不采喷洒过农药的饲料作物或青草喂兔，对可疑饲料坚决不喂；③用上述药品治疗兔体外寄生虫病时，要严格遵守使用规则，防止中毒。

6. 灭鼠药中毒 灭鼠药毒性大，家兔误食后可引起急性死亡。预防措施：①在兔舍放置毒鼠药时，要特别小心，勿使家兔接触或误食；②饲料加工间内严禁放置灭鼠药，以防混入饲料；③及时清除未被鼠类采食的灭鼠药，以防污染饲料、饮水等。

（八）细心观察兔群，及时发现疾病并诊治或扑灭

兔子体格弱小，抗病力差，一旦发病，如不能及时发现和治疗，病情往往在很短时间内恶化，引起死亡或传染给同群其他个体，造成很大的经济损失。因此，养兔生产中，饲养管理人员要和兽医人员密切配合，结合日常饲养管理工作，注意细心观察兔的行为变化，并进行必要的检查，发现异常，及时诊断和治疗，以减少不必要的损失或将损失降低至最低程度。

（任克良　曹　亮　李燕平　郑建婷　王国艳
卫顺生　牛晓燕　杜雅君　冯国亮　黄淑芳
扆锁成）

第二章
兔病诊断技术

家兔患病后，首先要进行诊断。诊断时，一般首先调查和了解发病的原因与经过（流行病学调查），然后对病兔进行详细客观的检查（包括临床、剖检及实验室检查），获得较为全面的有关疾病的信息，从而得到感性认识，在此基础上，将所得到的所有材料加以综合分析和判断，做出初步诊断，这就是理性认识的过程。同时还要进一步通过防治实践去验证所做出的初步诊断，这样才能使最后做出的诊断会愈来愈完善、准确与合理。正确的诊断，是制定合理、完整、有效的防治措施的根据，所以疾病诊断技术是基础，是兽医人员必须掌握的技术之一。

兔病诊断内容包括临床诊断、流行病学诊断、剖检病理学诊断、实验室诊断等内容。

一、临床诊断技术

临床诊断是疾病诊断工作中最常用和首先采用的一些检查方法。它是利用人的感觉器官或借助一些最简单的诊断器材（如体温计、听诊器等）直接对病兔进行检查。对于某些具有特征性症状表现的典型病例，经过仔细地临床检查，一般不难做出诊断。但临床诊断有其一定的局限性，特别是对一些刚发病不久，尚未表现出特征性症状的病兔，或属非典型病例和隐性病症，仅依此法往往很难做出正确判断，在很多情况下只能提出可疑疾病的大致范围。必须结合其他诊断方法进行综合判定。决不可单凭个别或少数病兔的症状表现而轻易地下结论，否则容易发生误诊。

（一）临床诊断的基本方法

1. 问诊 是以询问的方式向饲养管理人员或防疫员等调查了解与发病有关的情况和经过，一般在做其他检查之前进行，也可贯穿于其他检查过程之中。问诊内容主要包括以下几个方面：

（1）**病史** 包括既往病史和现有病史。了解患兔以往的健康状况，以前是否发生过类似疾病，如何处治，效果如何？本次疾病发生的时间、发病经过、主要表现，是否采取什么措施，用过什么药物，效果如何等。

（2）**周围兔场或本场其他兔群的健康状况** 了解同一兔群中有多少兔先后或同时发生类似疾病，邻舍及附近场、区兔群最近是否也有类似疾病发生等。

（3）**饲养管理及预防用药情况** 主要了解饲料的种类、来源、质量、饲喂量及最近是否有什么变化，饲养人员是否有顶班现象，场舍的卫生状况，管理制度；接种疫苗的种类、来源，接种时间和接种方法，以及其他预防药物的使用情况等。

问诊时语言要通俗，所问内容应根据情况而定，既要全面，又要有重点。对问诊所掌握的情况，要实事求是地记录下来，不能随意发挥。

2. 视诊 主要是用肉眼直接观察病兔目前的状态和各种异常现象。通过视诊可以发现许多很有意义的症状，为进一步诊断检查提供线索。视诊时尽可能使病兔处于自然姿态，检查者先不宜急于接近病兔，距病兔一定距离，先前、后、左、右观察其全貌，然后有顺序地观察其身体各部分及代谢物的排泄情况等；随后再接近病兔进一步观察，这时尤其要对发现有异常的部位或可疑之处做仔细检查。

视诊的内容很多，包括体形外貌、体格发育、营养状况、精神状态、运动姿势及被毛、皮肤和可视黏膜的变化等；还要注意某些生理活动是否正常，如有无喘气、咳嗽、流涎及异常的采食、咀嚼、吞咽和排泄动作等；也要留意粪便和尿液的性状、数量等。

视诊的方法虽然简单，但要想客观而全面地收集症状，并能进行综合分析和判断，必须具有锐敏的观察力和准确的判断力，要求兽医人员加强临床实践锻炼和善于进行总结。

3. 触诊　是用手触摸按压检查部位进行疾病诊断的一种方法。通过触诊可以判断被检器官和组织的状态，确定病变的位置、形态、大小、质地、温度、敏感性和移动性等。

触诊可分为浅部触诊和深部触诊。前者主要用于检查体表和浅在部位器官组织的功能状态，如检查体表温度、湿度，皮肤及皮下组织厚度、弹性、硬度，肌肉紧张性及局部肿物的性状等。检查者常以手掌的掌面或背面接触或按压被检部位皮肤，或按一定顺序触摸，对可疑部位或患部肿物用手指按压或揉捏，根据手感和检查时病兔的反应进行判断。深部触诊常用于体腔内器官的检查，常用像家兔妊娠检查的方法，触摸腹部。有时还可借助器械进行间接触诊，如用探针对某些创伤进行探诊检查等。

4. 听诊　是通过听觉辨别患病动物及其体内某些器官活动过程中所产生的各种声音，根据声音及其性质的变化推断体内器官功能状态和病理变化的一种诊断方法。临床上常用于心脏、肺和胃肠的检查，如听诊心脏的搏动音，可知其频率、强度、节律及有无杂音；听诊肺部可知呼吸数、呼吸节律、肺泡呼吸音的强弱及是否有啰音和摩擦音等；听诊腹部可知胃肠是否蠕动及蠕动的强弱等。

听诊可分为直接听诊和间接听诊。直接听诊是用耳朵直接听取病兔的异常声响，如呻吟、喘息、咳嗽、喷嚏、磨牙等；也可直接将耳贴近动物体表听取体内某些器官活动的声音。间接听诊是借助听诊器听取体内脏器官的声音。听诊时应在安静的环境中进行，并要防止一切可能产生干扰的杂音出现，如不要说话，听诊器头要紧贴动物体表，防止听诊器胶管与手臂等接触而产生摩擦音等。

5. 叩诊 是对患病家兔体表某一部位进行叩击，根据所产生声音的特性来推断叩击部位组织器官有无病理变化的一种诊断方法，可用于胸、腹腔脏器的检查。叩诊时所产生声音的性质主要取决于叩诊部位有无气体或液体，以及其量的多少，还与叩诊部位组织的厚度、弹性等有关。如叩击腹部有鼓音，则系胃肠严重臌气。

6. 嗅诊 是利用嗅觉辨别患病动物的排泄物、分泌物、呼出气体以及兔舍和饲料等的气味，借以推断疾病的方法。嗅诊在兽医临床诊断检查中有时具有重要意义，如当患兔呼出气体有烂苹果味（酮味），可能患妊娠毒血症；患兔腹泻时排出的恶臭水样粪便，提示患魏氏梭菌病等。

（二）临床症状检查及提示的疾病

1. 体况和营养状态 体况和营养是家兔健康好坏及疾病过程的具体表现。健康兔体躯各部均匀，肌肉丰满，骨骼不外露，用手触摸背脊骨，背肉丰厚，不易分辨背骨。

患病兔表现为消瘦，皮包骨头，用手触摸脊柱骨凸起似算珠，两旁凹削时则可能患寄生虫病或慢性疾病，如球虫病、肝片吸虫病、伪结核病、结核病、慢性巴氏杆菌病、慢性波氏杆菌病、腹泻及疥螨病等。同时也可能是日粮营养不平衡或饲养管理方法不当所致。

2. 姿势 健康家兔走动、站立、躺卧姿势自然而协调，姿势异常则表现患病。

若站立时两脚频频交换负重，则可能患疥螨或脚皮炎；歪头可能患巴氏杆菌性中耳炎、兔脑炎原虫病、葡萄球菌病、绿脓杆

菌感染、耳螨病、维生素 A 缺乏症、维生素 E 缺乏症、李氏杆菌病、链霉素中毒、遗传性疾病等；转圈可能患李氏杆菌病；前肢拖着后肢则表明背部骨折、后肢骨折或产后瘫痪；痉挛可能患有脑膜脑炎、中暑、钙缺乏症、镁缺乏症、维生素 A 缺乏症、有机磷农药中毒、食盐中毒、急性巴氏杆菌病、脓毒败血型葡萄球菌病、病毒性出血症、李氏杆菌病、球虫病及某些遗传病等；家兔频频舔舐肛门，可能患有栓尾线虫病。整个兔体僵直可能患破伤风。

3. 被毛　健康家兔被毛平顺浓密，有光泽而富弹性。

除了换毛季节，如被毛粗糙蓬乱，稀疏，暗淡无光，污浊，均匀营养不良或患病的表现，如腹泻病、寄生虫病、慢性消耗性疾病等。如被毛脱落，并呈灰色麸皮样结痂，可能患毛癣病或疥癣病。家兔颌下、胸部、前爪被毛湿润则可能患溃疡性齿龈炎、齿病、传染性水疱性口炎、发霉饲料中毒、有机磷农药中毒、大肠杆菌病、坏死杆菌病等。缺毛可能患食毛症或同窝、相邻兔患食毛症。

4. 皮肤　皮肤致密结实而富有弹性是健康兔的表现。检查时应查看皮肤颜色及完整性。并用手触摸身体各部位有无脓肿，光滑与否。

鼻端、两耳背及边缘、爪等处被毛脱落，并有麸皮样的结痂物，可能患疥螨病。腹部、背部或其他部位皮肤凸出的即脓肿，可能患葡萄球菌病。母兔乳头周围皮肤呈暗紫色或有脓肿，可能患乳房炎。如公兔睾丸皮肤有糠麸样皮屑，肛门周围及外生殖器官的皮肤有结痂，可能患梅毒。如阴囊水肿、包皮、尿道、阴唇出现丘疹，则可疑为兔痘。母兔流产，并从阴道内流出红褐色的分泌物，则疑为李氏杆菌病。口腔、下颌部和胸前部皮肤坏死并有恶臭，可能患坏死杆菌病。另外注意有无外伤。

5. 眼睛　健康家兔的眼睛圆而明亮，活泼有神，眼角干净无脓性分泌物。

如眼睛呆滞，似张非张，反应迟钝，则为患病或衰老的象征。如眼睛流泪或有黏液、脓性分泌物，精神萎靡，可能患慢性巴氏杆菌病、结膜炎。如果兔子眼睛长得像牛的眼睛那样圆睁而凸出，则为“牛眼”畸形，应淘汰。

眼结膜颜色呈潮红、苍白、发绀、黄染等症状，均为患病的表现。

（1）眼结膜的检查方法 操作者一手固定头部，另一手用食指和拇指同时拨开上下眼睑进行观察，眼结膜常表现潮红、苍白、发绀和黄染等病理变化。在做眼结膜检查的同时还要注意观察眼睑有无肿胀、外伤，眼裂周围有无分泌物以及分泌物的性状（是浆性、黏液性还是脓性），并注意角膜有无损伤、浑浊或形成角膜翳，以及瞳孔的大小变化等。

（2）判断标准

结膜潮红：是结膜内毛细血管充血的表现。单眼潮红常为局部炎症所致，见于多种眼病，常伴有眼睑肿胀和有较多分泌物等症状；双眼潮红多标志全身循环状态改变，有弥漫性潮红和树枝状充血两种表现。前者见于各种热性疾病，如急性传染病、肺炎等；后者可见于脑炎、心脏疾患等，是血液循环障碍的表现。

结膜苍白：是各种贫血的象征，常见于慢性传染病、寄生虫病、消化不良等慢性消耗性疾病和营养不良及发生内出血或大失血时。结膜发绀：结膜呈紫蓝色，是血液含氧量极度降低，机体严重缺氧所致，见于各种伴有心、肺机能障碍的急剧病症和多种中毒性疾病，常伴有呼吸困难或呼吸微弱等症状。

结膜黄染：是胆色素代谢障碍、血液中胆红素含量增加的结果，可见于各种肝病、溶血性疾病和某些中毒病、寄生虫病等。

6. 耳 正常耳朵应直立（除品种特征外）且转动灵活。

如下垂则可能因抓兔方法不当或受外伤、冻伤所致。耳壳内应清洁，耳尖耳背无结痂，如耳内有结痂则可能患痒螨或中耳炎。健康的白色家兔耳色粉红。如用手握住感觉过热，耳呈红

色，则为发热；用手握住感觉发凉，耳色青紫，则可能患有重病。

7. 体温 家兔正常体温为38.5～40℃，平均为39.5℃。排除生理因素（如年龄、性别、品种、营养、生产性能、活动、气候条件）的影响后，体温升高或降低均为患病的表现。测体温对早期诊断和群体检查很有意义。

（1）体温测定的操作方法 ①检查体温计是否完好。②将体温计水银柱甩至35℃以下。③用70%酒精棉球擦拭体温计并涂以油类润滑剂，以达到消毒和润滑目的。④助手保定好兔子，使其肛门充分暴露，随后将体温计轻轻由肛门捻转插入直肠内（至少要插入体温计的2/3以上），再把体温计夹子夹在背部或尾根的被毛上，待3～5分钟后取出，擦去粪便和黏液后读数。

（2）判断标准 虽然兔体的生理体温变化随品种、性别、个体、营养状况、生产性能、精神状态等变化而有所变化，但其变化幅度一般不会超过0.5℃。在排除因生理因素和气候条件等影响之后，体温的异常升高或降低，均为患病的表现。

8. 呼吸系统 呼吸系统检查包括鼻孔干净与否，呼吸快慢，脉搏快慢、强弱、节律和性质等。

（1）鼻腔检查 健康家兔鼻孔干燥，周围的毛是洁净的。如果鼻孔不洁，有鼻液流出或者打喷嚏，呼吸急促和有鼾声等，表明此兔可能患呼吸道疾病如巴氏杆菌病、波氏杆菌病等疾病。鼻孔内流出混有血液的泡沫则可能患兔瘟。容易导致家兔流鼻液的疾病还有：感冒、肺炎双球菌、克雷伯氏菌病、绿脓杆菌感染、霉形体病、李氏杆菌病、沙门氏杆菌病、弓形虫病、兔痘、葡萄球菌病、溃疡性齿龈炎、敌鼠钠盐中毒、安妥中毒、中暑等。

（2）呼吸次数检查 健康兔呼吸均匀平稳，呼吸数一般为50～80次/分钟；成年兔较少，有时可低于30次/分钟；幼龄兔呼吸次数较多，通常可超过100次/分钟。

呼吸数测定操作方法：①在待测兔安静状态下进行。②通过观察鼻翼扇动、胸腹壁起伏或用听诊器在胸壁肺区听诊呼吸音即可计数。

判断标准：在排除影响呼吸次数的如年龄、品种、性别、姿势、运动、妊娠、营养状况、精神状态、环境温度、湿度及胃肠的充盈程度等因素外，呼吸次数明显地改变，或同时伴有异常呼吸音、呼吸困难、呼吸节律改变、咳嗽等，均认为是一种病理状态，应结合病史和其他临床症状等进行综合分析判断。呼吸急促、呼吸数增多：见于热性疾病（如急性传染病、中暑等）、呼吸器官疾病（如支气管炎、肺炎等）、心力衰竭、贫血以及因胃肠道疾病所致的腹压显著增大等，也见于亚硝酸盐中毒等某些中毒病。呼吸数减少：较为少见，某些中毒病、脑病、上呼吸道狭窄及代谢障碍性疾病等有此表现。

（3）脉搏检查 脉搏是心脏心室每次收缩向主动脉输送一定数量的血液时引起动脉壁的冲动。根据脉搏或心搏的次数、强弱、节律和性质等来判断心脏的功能和机体血液循环状况，从而对疾病做出分析和判断。健康成年兔的脉搏数一般为 80～100 次 / 分钟，而幼龄兔为 100～160 次 / 分钟。

脉搏数测定方法：在兔安静状态下进行。兔的脉搏检测可在臂骨内侧桡动脉处或大腿内侧近端的股动脉上进行触诊，也可于左侧肘后胸壁处触诊心脏搏动。如触诊有困难时，可用听诊器在心区胸壁听诊。记录每分钟心脏搏动次数。

判断标准：动物脉搏数易受外界条件和生理因素的影响而发生变化，尤其是年龄影响更为明显，一般幼龄兔的较强，成年兔次之，老年兔较弱。脉搏数增加或减少超出一定范围，脉力强弱超过一定限度，均为病理性反应。临床上以脉搏数增多和脉力减弱较为常见且更有意义，可作为诊断疾病时的参考。脉搏数增多：是心动过速的表现，见于多数热性疾病（通常体温每升高 1℃，脉搏数增加约 8～10 次 / 分钟）、疼痛性疾病、心脏病、贫血及某些中毒病等。脉搏数减少：是心动徐缓的指征，可见于某些脑病、中毒病及濒死期家兔，此时脉搏强度也较弱。

9. 食欲　食欲好坏是家兔健康与否的重要标志。健康家兔一般食欲旺盛，喂料时表现出急于求食的现象，即在笼内跳来跳去，若打开笼门就伸出头来寻食。对于正常喂量的饲料可在 15～30 分钟吃光。

如果家兔表现呆滞或蹲缩在兔笼一角，不与其他兔抢食或走到食槽前想吃又不吃，则表明已患病。在排除饲料、饮水质量问题的情况下，如果食欲、饮欲下降甚至废绝，往往提醒人们家兔已患病。同时要注意有无饮水、水质是否变质，以及家兔是否有流涎现象，门齿是否整齐或过度生长。饮水量过多也是很多疾病的表现。如家兔在食欲减退或废绝的情况下，饮水量却大大增加，表明家兔体温升高或食盐中毒。

10. 腹部　主要观察腹部容积的大小。除妊娠后期外，一般无增大现象。

胀肚可能患球虫病、结肠阻塞。食欲不振，触摸胃有大而充满食物之感，可能患毛球病。如腹下部膨大，触诊有波动感，改变体位时，膨大部随之下沉，表明腹腔积液。如果触诊时，家兔出现不安、闹动，腹肌紧张且有震颤时，表明腹膜有疼痛反应，多见于腹膜炎。腹围增大，盲肠大而软，可能患球虫病、大肠杆菌病等。盲肠内有硬结，可能是盲肠秘结。直肠有大量干硬粪球可能患便秘。

11. 粪便　观察粪便形状是诊断兔病的重要内容之一。正常的家兔粪便大小如豌豆大，光滑均匀。粪便干、硬、小或粪量减少甚至停止排粪，则可能是消化不良或便秘。粪便变形，但性质没有变化，可能是因饲养管理不当所致；粪便变稀，成堆呈酱色，可能是饲喂霉变饲料等有毒饲料所致；粪便稀且带有黏液，奇臭，可能患细菌性疾病，如大肠杆菌病、沙门氏杆菌病、魏氏梭菌病等；粪便变性，带有黏液呈顽固性腹泻，可能患寄生虫病，如球虫病。

12. 尿液　检查尿液时要注意排尿量（正常情况下，成年兔

每千克体重每昼夜为 130 毫升）、次数、比重、pH 值（一般为 8.2）、排尿姿势、尿液性质、颜色（幼兔尿呈无色清亮，成年兔呈微混浊淡黄色，这是尿中含有多量钙和黄尿素所致）及内含物等情况。

排尿次数增多，甚至出现尿频和尿淋漓，尿中带血，尿液有氨味，可能患膀胱炎、尿结石；排尿次数减少，尿色深，比重大，沉渣增多是急性肾炎、下痢的表现。尿液呈酱油色，可能患豆状囊尾蚴病、肝片吸虫病、肝硬化等。长期血尿但无疼痛感，可能是肾母细胞瘤；排尿疼痛是尿路有炎症的表现；尿闭则可能患膀胱麻痹、括约肌痉挛、尿道结石；尿失禁可能是腰荐脊柱损伤或括约肌麻痹的表现。

尿液颜色与饲料种类、服用某些药物等有关，应注意加以区别对待。

二、流行病学诊断

流行病学诊断就是通过问诊、座谈、查阅病历、现场观察和临床检查等方式取得第一手资料。然后通过对这些资料进行归纳整理和分析判断。采用这种方法可以初步明确所发生的疾病是普通病还是传染病，或是寄生虫病，为建立诊断程序和方法进行确诊，进一步查明病因及制定防治措施提供线索和依据。某些兔病的临床症状虽然相似，但其流行特点和发病规律却很不一致，通过流行病学调查和分析，了解疾病的发生经过、影响因素、传播途径以及发病率和死亡率等，就很容易判定致病原因、弄清疾病种类或进行确诊。流行病的调查的主要内容如下：

（一）疾病发生情况

了解最初发病的时间和兔舍，传播蔓延速度和范围，发病兔的数量、性别、年龄、症状表现，发病率和死亡率以及剖检变化

等。如仅为母兔发病尤其是妊娠、哺乳及假妊娠的，可能为妊娠毒血症；外生殖有病变，且多为繁殖兔（包括母兔、公兔）应考虑兔密螺旋体病；发病死亡率高，年龄多在 3 月龄以上，可能是兔瘟；断奶前后兔，腹泻的多为大肠杆菌病。

（二）病因调查

了解本场或本地过去是否发生过类似疾病，流行情况如何，是否作过确诊，采取过何种防治措施，效果如何。本次发病前是否引进种兔，新购种兔进场是否检疫和隔离；饲料原料、配方及饲养管理最近是否有较大改变，包括饲料的种类、来源、贮存、调制、饲喂方式等，同时注意饲养人员是否改变；饲料质量怎样，是否发霉变质；如果是购买的饲料，了解厂家饲料配方、原料是否变化；当地气候是否突变，兔舍的温度、湿度和通风情况如何，附近有无工矿废水和毒气排放；兔场的鼠害情况和卫生状况好坏；兔场是否养狗、猫等动物；最近是否进行过杀虫、灭鼠或消毒工作，用过什么药物等。收皮、收毛等商贩是否进入过兔舍。

常见的引起家兔患病的原因有：①仔兔上笼引起大肠杆菌或魏氏梭菌病。②饲料配方突然改变导致魏氏梭菌病暴发。③饲养人员改变或调换笼位导致消化道疾病发生。④气候突变。温度突然升高导致中暑，突然降温导致断奶前后仔兔发生大肠杆菌病。⑤兔群搬进新建潮湿的兔舍引起魏氏梭菌病或大肠杆菌病。⑥新引进的种兔繁殖的仔兔患毛癣。⑦给饲料中添加药物，如驱虫药、磺胺类药物等，随意添加或搅拌不均匀，导致迅速死亡或发生魏氏梭菌。⑧兔产品收购商贩进入兔场或兔舍之后，迅速流行兔瘟。⑨养犬场、户兔群普遍患豆状囊尾蚴和棘球蚴。

（三）预防用药情况

了解本场兔群常用什么药物和疫苗进行疾病预防，用量多

少，如何使用，饲料中添加过哪些添加剂，什么时候开始，使用了多长时间等。常见的有兔瘟免疫程序不当或疫苗问题导致兔瘟发生。未进行小试就大面积使用厂家推荐的饲料添加剂导致消化道疾病发生。

（四）疾病的发展变化和防治效果

了解病兔的初期表现与中、后期表现，一般病程多长，结局怎样，是否使用过什么药物进行防治，药物用量，使用多长时间，效果如何等。

三、病理学诊断技术

对于根据临床诊断尚不能确诊的疾病，必须对病兔或尸体进行解剖，根据剖检特点，再结合临床症状、流行病学特点，对疾病做出正确诊断。

（一）剖检技术

对死亡的兔尸或病兔进行解剖检查，通过对病死兔的内脏器官、组织病变进行观察，以便了解疾病所在的部位、性质，为明确诊断提供依据。

1. 病理剖检方法

（1）器械准备 常用的剖检器械有解剖刀、外科剪、镊子、骨钳、骨剪、载玻片、搪瓷盘等。如需进行微生物检查，需准备灭菌培养皿、灭菌试管、培养基、接种棒、酒精灯等。剖检人员还应准备工作服、手套、胶鞋等。

（2）药品准备 对待剖检兔在外部检查之后，为了防止剖检过程中兔毛飞扬，可用3%～5%来苏儿、石炭酸、臭药水、0.1%新洁尔灭溶液或0.05%洗必泰等消毒液浸泡尸体。组织固定液用10%福尔马林或95%酒精。剖检人员的消毒用药为3%

碘酊、2%硼酸、70%酒精等。

（3）记录表格及设备　记录表格及记录注意事项见本书兔场兽医统计工作一章。有条件的兔场应准备数码照相机或摄像机，在剖检过程中对尸体、病变组织进行拍摄，以便为诊断提供信息。

2. 剖检地点　剖检最好在专门的剖检室（或兽医室）进行，便于消毒和清洗。如现场剖检，应选择远离兔舍和水源的场所进行。

3. 剖检术式及步骤　取仰卧式，腹部向上，置于搪瓷盘内或解剖台上，四脚分开固定，腹部用消毒药消毒。

（1）沿腹中线上起下颌部下至耻骨缝处切开皮肤，再沿中线切口向每条腿切开，然后分离皮肤，检查皮下有无出血、水肿及病变。

（2）沿腹白线切开腹壁，用镊子挑起腹肌防止刺破肠管。检查腹水的颜色、多少和清浊度。

（3）打开腹腔后，依次检查腹膜、肝、胆囊、胃、脾脏、肠道、胰、肠系膜、淋巴结、肾脏、膀胱和生殖器官。

（4）用骨剪剪断两侧肋骨，胸骨。拿掉前胸廓，使胸腔暴露后，依次检查心、肺、胸膜、上呼吸道及肋骨。

（5）必要时，打开口腔、鼻腔及颅腔做检查。检查颅腔时，可在枕骨与第一颈椎的关节处断头，将头与尸体分开，把头放在解剖盘上。以两内眼角连一条直线，在此直线两端向枕骨大孔各连一条线，用外科刀沿此3条直线破坏骨组织，拨开头盖骨，再钝性破坏环骨与硬膜连接的组织，去掉头盖骨，用镊子提起脑膜，用剪刀剪开，即可检查颅腔液体的数量、颜色及脑膜的状况。

4. 剖检注意事项

（1）剖检要尽早进行。因为动物死亡后，尸体还会发生变化，过久会发生尸体腐败，从而掩盖其原来的病变，造成识别困难。另外，剖检应尽量在自然光下进行。在人工光源下，病变器官的色泽不易判断。

（2）剖检前应进行详细的检查，包括病史调查、发病经过、治疗过程、免疫预防情况等。并认真做好剖前尸体检查，了解其营养状况，被毛、皮肤光泽度及完整性，可视黏膜色泽、分泌物性状等，以便做到胸中有数。

（3）剖检过程中，术者手上、器械上的脓血，应及时冲洗，保持清洁。在采取某一脏器之前，应首先检查与该器官有关的联系。未经检查的脏器、器官，不用水洗，以免改变其颜色和性状。

（4）尽量减少血水、粪便等污物的污染范围，严防病原扩散。同时要做好自身防护。剖检结束，尸体应深埋或焚烧，切忌随意抛弃。剖检场地要进行认真消毒。

（二）剖检内容与疾病提示

解剖检查包括外部检查、皮下检查、上呼吸道检查、胸腔脏器检查、腹腔脏器检查、脑和脓汁检查等内容。病变提示相应疾病见表 2–1 至表 2–5。

表 2–1　家兔外部、皮下及上呼吸道异常、病变提示的疾病种类

检查部位	检查内容	提示疾病种类
外部	品种、性别、年龄、毛色、特征、体态、营养状况以及被毛、皮肤、天然孔、可视黏膜等	体表脱毛、结痂，提示疥螨病、皮肤毛癣菌
		体毛污染，提示球虫病、大肠杆菌病、魏氏梭菌病等引起的腹泻
		皮下脓肿，提示葡萄球菌病
		打喷嚏、流鼻涕、呼吸困难，提示巴氏杆菌、波氏杆菌病、克雷伯氏等
		脚趾有灰白色结痂，提示疥癣病
		耳内有痂皮，提示痒螨病
		鼻腔流出泡沫血样，提示兔病毒性出血症

续表 2–1

检查部位	检查内容	提示疾病种类
皮下	有无出血、水肿、炎性渗出、化脓、坏死、色泽变化等	皮下出血，提示兔病毒性出血症
		皮下组织出血性浆液性浸润，提示链球菌病
		皮下水肿，提示黏液瘤病
		颈前淋巴结肿大或水肿，提示李氏杆菌病
		皮下化脓病灶，提示葡萄球菌病、兔痘、多杀性巴氏杆菌病
		乳房和腹部皮下结缔组织化脓，脓汁乳白色或淡黄色油状，提示化脓性乳房炎
		皮下脂肪、肌肉及黏膜黄染，提示肝片吸虫病
上呼吸道	鼻腔、喉头黏膜及气管环间是否有炎性分泌物、充血和出血	鼻腔内有白色黏稠的分泌物，提示巴氏杆菌病、波氏杆菌病等
		鼻腔出血，提示中毒、中暑、兔病毒性出血症等
		鼻腔流浆液性或脓性分泌物，提示巴氏杆菌病、波氏杆菌病、李氏杆菌病、兔痘、绿脓杆菌病等
		喉头、气管黏膜出血，呈现出血环，腔内积有血样泡沫，提示兔病毒性出血症
		喉炎、支气管炎、斑疹，提示兔痘

表 2–2　胸腔及脏器病变提示的疾病种类

检查部位	检查内容	提示疾病种类
胸腔、肺	胸腔积液、色泽、胸膜，肺是否充血、出血、变性、坏死等	胸膜与肺、心包粘连、化脓或纤维性渗出，提示巴氏杆菌病、葡萄球菌病、波氏杆菌病
		肺呈暗红或紫色，肿大，粟粒大小出血点，质度柔韧，切面暗红色，提示兔病毒性出血症
		肺炎，提示巴氏杆菌病、葡萄球菌病、波氏杆菌病
		纤维性化脓性肺炎，提示巴氏杆菌病、葡萄球菌病
		肺表面光滑、水肿、有暗红色实变区，切开有液体流出，有大小不等脓灶，乳白色黏稠脓汁，提示波氏杆菌病

续表 2–2

检查部位	检查内容	提示疾病种类
胸腔、肺	胸腔积液、色泽、胸膜，肺是否充血、出血、变性、坏死等	肺充血肿大，片状实变区，提示野兔热
		肺淡褐色至灰色坚实结节，具干酪样中心和纤维（组织包囊），提示结核病；肺上有斑疹，灰白色小结节，提示兔痘
		胸腔内充满脓胞，提示兔巴氏杆菌病、波氏杆菌病、葡萄球菌病等
		浆液或纤维素性渗出，提示沙门氏菌病
		胸腔内积有血样液体，提示绿脓杆菌病
心、心包	心包、心肌是否充血、出血、变性、坏死等	心包积液、心肌出血，提示巴氏杆菌病
		心包液呈血样液体，提示兔绿脓杆菌病、魏氏梭菌病等
		心包液呈棕褐色，心外膜有纤维素性渗出，提示葡萄球菌病、巴氏杆菌病
		心脏血管怒张，呈树枝状，提示魏氏梭菌病
		心肌暗红，外膜有出血点，心脏扩张，内充满多量血块，心室菲薄，质软，提示兔病毒性出血症
		心肌有小坏死灶，提示大肠杆菌病
		心包炎，提示坏死杆菌病
		心肌有白色条纹，提示泰泽氏病
		心包淡褐色至灰色，坚实结节，具干酪样中心和纤维组织包裹，提示结核病

表 2–3　腹腔及脏器病变提示的疾病种类

检查部位	检查内容	提示疾病种类
腹腔脏器	腹水、纤维素性渗出、寄生虫结节，脏器色泽、质地和是否肿胀、充血、出血、化脓、坏死、粘连等	腹水透明、增多，提示肝球虫病
		腹腔积有血样液体，提示兔绿脓杆菌病
		腹腔有纤维素或浆液性渗出，提示兔葡萄球虫病、巴氏杆菌病、沙门氏菌病

续表 2–3

检查部位	检查内容	提示疾病种类
腹腔脏器	腹水、纤维素性渗出、寄生虫结节，脏器色泽、质地和是否肿胀、充血、出血、化脓、坏死、粘连等	腹腔有葡萄状透明囊附着于脏器或游离于腹腔，提示豆状囊尾蚴病
		肝脏表面有针尖大灰白色淡黄色结节，提示沙门氏菌病、巴氏杆菌病、野兔热等
		当肝脏结节为绿豆大时，提示肝球虫病
		肝肿大、硬化、胆管扩张，提示肝球虫病、肝片吸虫病
		肝质脆，实质淡黄色，细胞间质增宽，提示兔病毒性出血症
		胆囊上有小结节，提示兔痘
		胆囊若扩张，黏膜水肿，提示大肠杆菌病
		脾肿大有大小不等的灰白色结节，切开结节有脓或干酪样物，提示伪结核病、沙门氏菌病、结核病
		脾肿大、淤血，提示兔病毒性出血症、巴氏杆菌病
		脾坏死、脓肿，提示坏死杆菌病
		脾中度肿大，斑疹，灶性结节和小坏死区，提示兔痘
肾	大小、质地、形状及有无充血、出血等	肾充血、出血，提示兔病毒性出血症
		肾有结节，提示结核病
		肉芽肿性肾炎、肾表面凹凸不平，提示兔脑炎原虫病
		局部肿大突出、似鱼肉样病变，提示肾母细胞病、淋巴肉瘤等
		肾肿大或萎缩，用手揉捏有石头样感觉，提示肾结石

表 2–4　胃肠道病变提示的疾病种类

检查部位	检查内容	提示疾病种类
胃	溃疡、出血等	胃黏膜脱落，有大小不一溃疡，浆膜有黑色溃疡斑，提示魏氏梭菌病
		胃膨大，充满气体和液体，提示大肠杆菌病
		胃黏膜出血，表面附黏液，提示兔病毒性出血症

续表 2–4

检查部位	检查内容	提示疾病种类
肠道	水肿、充血、出血、结节等	肠黏膜（尤其是结肠）弥漫性出血、充血，提示魏氏梭菌病
		回肠后段，结肠前段黏膜充血、出血，提示泰泽氏病
		肠黏膜充血、出血，黏膜下层水肿，提示沙门氏菌病
		十二指肠充满气体和粘有胆汁的黏液状液体，空肠充满半透明胶样液体，回肠内容物呈黏液样半固体，结肠扩张，有透明胶样液体，浆膜和黏膜充血或有出血斑点，直肠有胶冻样液体，提示大肠杆菌病
		肠道呈出血性肠炎，提示链球菌病
		肠黏膜充血，暗红色，表面附有多量黏液，浆膜充血、出血，提示兔病毒性出血症、球虫病
		小肠、结肠扩张，黏膜出血斑点，提示仔兔轮状病毒病
		小肠黏膜有许多灰色小结节，提示肠球虫病
		肠道浆膜面稍突起，坚实，病变区大小不等，黏膜溃疡，提示结核病
盲肠	水肿、充血、出血、结节等	蚓突肥厚，圆小囊肿大变硬，浆膜下有许多灰白色小结节，单个或成片存在提示伪结核病
		盲肠、结肠腔内有水样褐色内容物，提示泰泽氏病
		盲肠壁水肿，增厚、充血，浆膜出血提示大肠杆菌病、泰泽氏病

表 2–5　尿、生殖器、脑病变提示的疾病种类

检查部位	检查内容	提示疾病种类
膀胱	尿色、扩张等	积有茶色尿，提示魏氏梭菌病
		膀胱扩张、充满尿液，提示球虫病、葡萄球菌病
		蛋白尿，提示脑炎原虫病

续表 2–5

检查部位	检查内容	提示疾病种类
生殖器	肿大、充血、蓄脓、溃疡等	子宫肿大、充血，有粟粒样坏死结节，提示沙门氏菌病
		子宫呈灰白色，宫内蓄脓，提示葡萄球菌病、巴氏杆菌病
		阴茎溃疡，周围皮肤皲裂、红肿、结节等，提示梅毒病
		阴囊、阴唇水肿、丘疹、痘疱、痂皮，提示兔痘
脑	充血、出血等	脑膜、脊髓膜出腔室脉络丛血管明显扩张、充血，提示兔病毒性出血症
脓汁	颜色、性状、气味等	脓汁呈现乳白色，提示兔巴氏杆菌病、波氏杆菌病、葡萄球菌病、沙门氏菌病
		脓汁有恶臭味，提示坏死杆菌病
		脓汁呈绿色，且有特殊气味，提示绿脓杆菌病

（三）病料的采集与送检

通过流行病学调查、临床症状和剖检特征，一般可得出较为可靠的诊断结论。但对于其他许多疾病，特别是一些急性病例，往往缺乏特征性病理变化，即使通过剖检尚难下结论，还需采集病料送往本地或其他有关实验室进行检查。由于实验室各项检查的目的和方法不同，其病料的采集方法和要求也不完全一样。一般要求病料应在兔死后立即采取，最迟不要超过 6 小时；用于微生物学检查的病料应采用无菌采集；为不影响病原体的检出，取材尸体生前最好是未经用药预防或治疗过的。

1. 病料的采集

（1）对患有传染病或可疑尸体，剖检时应首先采集病料，并且采集时要无菌操作。若需要采取病兔的脑组织做病毒分离培养，则必须在死亡后 3 小时内剖检，并首先剖检脑部。其他采集病料的种类，则根据不同情况而定。

当怀疑某种传染病时，应采取该病最常侵害的部位或其特征性的病变组织（表2–6）。如怀疑患魏氏梭菌病时，应采取其肠管及肠内容物等。

表2–6　诊断家兔主要传染病需采取的病料

疾病名称	生前	死后
急性巴氏杆菌病	采取心血，同时涂片染色镜检，进行细菌分离培养	采取肝、脾进行细菌分离培养；肝、脾触片，心血涂片染色镜检
支气管败血波氏杆菌病	耳静脉采血做血清凝集试验；鼻腔分泌物进行细菌分离培养	采取脓疱内的脓液进行细菌分离培养和涂片染色镜检
初生仔兔呼吸道病	鼻腔分泌物进行细菌分离培养	采取肺脓疱内的脓汁进行细菌分离培养和涂片染色镜检
斜颈病	耳静脉采血血清凝集试验	采取斜颈侧鼓室内的脓性分泌物进行细菌分离培养和涂片染色镜检
伪结核耶新氏杆菌病	耳静脉采血做血清凝集试验。鼻腔分泌物、粪便进行细菌分离培养	采取有病变的脾、蚓突、圆小囊或肠系膜淋巴结进行细菌分离培养和触片染色镜检
绿脓假单孢菌病	采取呼吸道分泌物进行细菌分离培养	采取有病变的肺及化脓病灶的脓液进行细菌分离培养和触片，涂片染色镜检
肺炎克雷伯氏菌病	采取上呼吸道分泌物进行细菌分离培养	采取有病变的肺及化脓病灶的脓液进行细菌分离培养和触片、涂片染色镜检
野兔热	耳静脉采血做血清凝集试验	采取有病变的肝、脾、肺和淋巴结进行细菌分离培养、触片染色镜检
坏死杆菌病	采取患部的材料进行细菌分离培养及涂片染色镜检	采取有病变的肝、脾、肺，淋巴结及脓灶进行细菌分离培养和触片、涂片染色镜检
流　产	采取流产胎儿的肝、肺及阴道分泌物进行细菌分离培养和触片、涂片染色镜检	采取死亡母兔的肝、脾、子宫内容物进行细菌分离培养和触片、涂片染色镜检

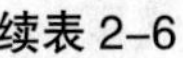

续表 2–6

疾病名称	生前	死后
仔兔沙门氏杆菌病	采取粪便进行分离培养	采取十二指肠内容物，肝、肠系膜淋巴结进行细菌分离培养及涂片、触片染色镜检
大肠杆菌病	采取粪便进行分离培养和涂片染色镜检	采取十二指肠内容物、肠系膜淋巴结进行细菌分离培养及涂片、触片染色镜检
泰泽氏病		采取有病灶的肝、心肌和肠道的平滑肌做触片染色镜检和鸡胚卵黄囊及实验动物接种
魏氏梭菌性肠炎	采取粪便进行细菌分离培养及涂片染色镜检	采取十二指肠－盲肠内容物进行细菌分离培养和涂片染色镜检
外生殖器炎症	采取外生殖器官的脓疱、患部分泌物和阴道脓液进行细菌分离培养及涂片染色镜检	采取阴道分泌物、死亡胎儿的肝脏进行细菌分离培养及涂片、触片染色镜检
链球菌病	采取鼻腔分泌物进行细菌分离培养和涂片染色镜检	采取化脓病灶及有病变的器官进行细菌分离培养及涂片、触片染色镜检
葡萄球菌病	采取化脓病灶的脓液进行细菌分离培养和涂片染色镜检	采取脓灶的脓液进行细菌分离培养和涂片染色镜检
李氏杆菌病	采取阴道分泌物及流产胎儿的肝脏进行细菌分离培养及涂片、触片染色镜检	采取阴道分泌物、肝、脾、脑以及胎儿肝脏等进行细菌分离培养和触片染色镜检
结核病		采取病变结节进行细菌分离培养、动物接种和触片抗酸染色镜检
棒状杆菌病	采取鼻腔分泌物进行分离培养和涂片、染色镜检	采取肺、肝等有病变的器官进行分离培养和触片染色镜检
肺炎双球菌病	采取鼻腔分泌物进行分离培养和涂片染色镜检	采取肺、肝等有病变的器官进行分离培养和触片染色镜检
兔　瘟	采取血液进行白细胞计数	采取肝脏磨细：①做人红细胞凝集和红细胞凝集抑制试验；②皮下或肌肉接种易感兔

续表 2-6

疾病名称	生前	死后
黏液瘤病		采取新鲜病变组织做如下诊断：①涂片包涵体检查；②易感兔接种；③鸡胚接种；④细胞培养
水泡性口炎	采取口腔水疱液、水疱皮及分泌物做如下诊断：①接种幼年易感兔；②鸡胚接种；③细胞培养	
霉菌病	采取患部的皮肤切片染色镜检和进行霉菌分离培养	

提不出怀疑对象时，则应将整兔送检或全面采集病料。通常采取心血、体液、分泌物、内容物和各主要器官组织，包括心、肝、脾、肺、肾、淋巴结节、吲突、圆小囊、肠管、子宫以及其他有病理变化的器官组织和病理产物等。

患败血性传染病时，如巴氏杆菌病、兔瘟等，可采集心、肝、脾、肺、肾、淋巴结及胃肠道等。有神经症状的传染病，还应采取脑、脊髓等。

如要进行血清学检查，则要采集血液，分离血清。

（2）对中毒或疑有中毒的病例，应采集其胃内容物粪、尿、心血、胃、肝、肾、心及脑组织等。

（3）对寄生虫病患兔尸体，则根据剖检情况，采集虫体或幼虫、虫卵等主要寄生部位的器官、组织及其内容物和血液等进行检查。有些寄生虫病产生特异性病变，如形成包囊、结节等，可直接采取；在剖检过程中发现虫体，可直接采取。

（4）病理组织学检查材料的采取是在采集完病原学检查和毒物检验材料之后，结合剖检进行的。可以采取各器官所见到的有诊断意义的典型病变组织或通过肉眼难以确定的可疑病变组织。

2. 病料的保存 病料采集后应及时送检和妥善保存，特别是当因某种原因不能立即进行检查或须送往外地检查时，更应注

意保存。可适当加入保存剂，使病料尽量保持新鲜状态。

3. 病料送检

（1）装病料的容器上要编号，并做详细记录，附上送检单和病历记录，说明检查目的和要求等，连用病料一同送往检查。

（2）病料包装要求安全稳妥，对于有危险、怕热或怕冻的材料，应分别采取措施。一般微生物学检查材料怕热，病理组织学检查材料怕冻。送检时可将存放病料的容器放入装有冰块的保温瓶或保温盒内，如无冰块，可向其中放入氯化铵 100 克，再加水 300 毫升，然后将病料密封放入，这样在 24 小时之内能使温度保持在 0℃左右。

严寒季节，送检病理组织学检查材料时，为防组织块冻结，可将上述固定好的组织块取出，保存于甘油和 10%福尔马林等量混合液中，放入保温瓶或保温盒内送检。保温瓶或保温盒内只需放入少量衬垫材料。

（3）病料包装妥当后应派专人尽快送到检验单位或实验室进行检查，长途最好空运。

（四）病理组织学检查

病料在做病理组织学检查前，首先要结合剖检采样记录和送检单对组织进行认真检查、核对，并扼要记录描述组织块的大小、形状，表面和切面的颜色、硬度，病变部位的大小、形状、特点和与周围组织的关系等。然后根据送检目的和要求，结合病历记载和组织块病变等，对组织块进行修切、整形，选择一定部位进行病理组织学检查。病理组织学检查，一般需将组织块制成切片进行显微镜检查。组织病理切片制作一般需要经过组织块修整、水洗、脱水、浸蜡、石蜡包埋、切片、染色等过程，工序十分繁杂并有一定要求，需由专业人员操作，组织切片的显微镜检查也需要有扎实的病理组织学基础和丰富的工作经验，在此不作详细介绍。

四、实验室诊断

通过临床症状、剖检难以确诊的疾病，应进一步做实验室检查。实验室诊断即利用实验室的各种仪器设备，通过实验室操作，对来自病兔的各种病料进行检查或检测，随后通过结果分析，对疾病做出比较客观和准确的判断。实验室检查的内容很多，对普通病来说一般只进行一些常规检查；对于某些传染病和寄生虫病则应做病原检查；若疑为中毒性疾病，有条件时可进行毒物检测。

下面介绍一般兔场可以做的寄生虫检查方法。

（一）粪便检查

粪便检查是寄生虫病生前诊断的主要方法。因寄生蠕虫的卵、幼虫、虫体及其断片以及某些原虫的卵囊、包囊都是通过粪便排出的，因此采取新鲜粪便（防止污染，必要时可直接由动物的直肠取粪），进行虫卵检查，是临床上常用的方法。

1. 粪便直接涂片法　本法操作简单易行，但因检查时所用粪样少，检出率较低。当体内寄生虫数量不多而粪便中虫卵较少时，有时不能查出虫卵，因此对每份粪样同时做数张涂片，逐一镜检。方法是：在一张干净载玻片上滴1～2滴清水或甘油与水的等份液，然后用牙签或火柴棒取少量兔粪放入其中，涂匀，剔去粗渣和多余的粪块，最后使玻片上留有一层均匀的粪液，其浓度是将玻片放在报纸上，透过粪便液膜能模糊辨别下面的字迹为宜。粪液上覆以盖玻片，置显微镜下镜检即可。

2. 粪便集卵法　由于虫卵的比重和操作程序的不同可分以下几种：

（1）沉淀法　此法适用于虫卵比重大的一些寄生虫卵（如吸虫卵等）的检查。取新鲜兔粪5～10克，放入100～200毫升杯内，先加少量的清水用小棒将粪球捣碎，再加 5～10 倍的清水把粪调成稀糊状，用 60 目或 80 目铜筛过滤到大杯内（或尖底的量杯内），加水至满，以不溢出为度，静置 20～30 分钟，弃去上清液，保留沉渣，再加水至满，静置 15～20 分钟，弃上清液，保留沉渣。如此反复 3～4 次，至上部液体澄清后，弃上清液，以吸管吸取沉渣，薄薄地涂在玻片上，置显微镜下检查。

（2）**漂浮法** 取兔粪 10 克，加少量饱和盐水用小棒将粪球捣碎，再加 10 倍量的饱和盐水（1 000 毫升沸水中约加 380 克的食盐，充分溶化即成）搅匀。以 60 目铜筛将粪液滤入烧杯内，静置半小时，用直径 5～10 毫米的铁丝圈，与液面平行接触蘸取表面液膜，抖落于载玻片上并覆以盖玻片进行镜检。此法用于大多数线虫卵和球虫卵囊的检查。

（3）**筛淘法** 取新鲜兔粪 10～20 克，加水调成糊状，先用 60 目或 80 目铜筛过滤。将滤液经 260 目尼龙筛（孔径 50 微米左右），并用多量水冲洗，或把尼龙筛放入水内淘洗，然后取出平放在瓷盘或桌上，刮取筛内沉淀物涂片检查。此法对一些大型虫卵的寄生虫检出率较高。

（二）寄生虫虫体检查

寄生虫虫体检查包括成虫、幼虫和绦虫的断片的检查，方法有以下几种。

1. 蠕虫虫体检查法 寄生于消化道内的绦虫，成熟的孕卵节片常整节排出体外。此外，也可因虫体的寿命或驱虫药物的影响而使完整的虫体排出体外。排出体外的虫体或节片，大的容易发现，小的应先将粪便收集起来，盛于盆内或桶内，加 5～10 倍的生理盐水，搅拌均匀，静置沉淀 15～20 分钟，弃去上清液。将沉淀物重新加入生理盐水，搅拌沉淀，反复操作 2～3 次，最后弃去上清液，以大玻璃皿逐碟取少量沉渣置黑色背景上，以肉眼或借助放大镜寻找虫体，见到虫体，以铁针或毛笔将虫体挑出供检查。

2. 线虫幼虫检查法

（1）漏斗幼虫分离法　在漏斗架上，放一个直径 8～10 厘米的玻璃漏斗，内放一直径为 5～8 厘米的铜丝布筛，漏斗下接一根 10 厘米长的橡皮管，下接一小试管。然后将新鲜粪便或粪便培养物 5～20 克放筛上。慢慢加入 40～45℃温水，直至浸没粪便为止，静置 2～3 小时。此时大部分幼虫游走于水中，并沉于试管底部。拔取底部小试管，取其沉渣，在显微镜下检查，如幼虫运动活泼，难以观察时，可滴加卢戈氏碘液数滴，则幼虫很快被杀死，并染成棕黄色，有利于详细观察。

（2）平皿分离法　取 3～10 个粪球放在培养皿内，加适量 40℃温水以浸没粪球为宜，经 10～15 分钟后，取出粪球，将留下的液体在低倍镜下检查。

3. 螨虫检查法　选择患病皮肤与健康皮肤交界处，取小刀在酒精灯上消毒后，刮去皮屑（直到皮肤轻微出血），置于载玻片上，加 1～2 滴煤油，盖上另一洁净盖玻片，来回搓病料，用低倍镜检查。也可将病料直接涂于带油的载玻片上，置低倍镜下检查。

五、综合诊断

根据流行病学调查、临床检查、病理剖检、实验室检查等综合分析，最终做出诊断。根据结果，选择相应的治疗药物和方法，以达到治愈疾病目的。需要指出的是，兔病诊断需要具有丰富兽医、畜牧知识和实践经验，在具体诊断过程中，如果善于抓住带有特征性临床表现、流行特点或病理变化等，可以迅速做出较为准确的诊断。因此兔场兽医人员要不断加强业务学习，虚心向有经验的专家请教，在实践过程中勤于思考，这样就可在发生疾病时及时做出诊断。

（任克良）

第三章

兔病诊断思路及类症鉴别

家兔的疾病种类很多，兔群一旦发病，除个别疾病可迅速确诊外，多数兔病很难及时做出诊断，一方面家兔疾病很多，临床或剖检没有特征性表现，同时许多不同疾病表现相同或相似症状，同一种疾病又与其他疾病有许多共性表现。为此，本章将系统地介绍兔病诊断思路，同时对一些相似的疾病进行临床、剖检和实验室鉴别，目的是迅速确诊疾病，为预防和治疗提供依据。

一、临床诊断思路及类症鉴别

以临床表现为线索，然后再根据其他诊断方法如流行病学、病理变化、实验室检查来确诊疾病。

（一）急性死亡

病兔表现明显症状迅速死亡。

1. 急性传染病　病程短，症状不典型，病理变化不明显，早期诊断多数需借助于实验室微生物学诊断。

（1）兔病毒性出血症（兔瘟）

病因　未做免疫或免疫程序、疫苗质量有问题，导致免疫失败，感染兔瘟病毒。

病变和症状　青年兔、成年兔的发病率、死亡率高。月龄越小，发病越少。具有流行性。剖检见气管呈“出血环”，肺充血、有鲜红出血点，肾、胸腺、淋巴结等有明显出血点。最急性：无任何症状，突然倒地抽搐，尖叫数声，数分钟内死亡。急性：体温达41℃以上，食欲减退，饮水增多，病程12～48小时。死前表现呼吸急促，兴奋，挣扎，狂奔，啃咬兔笼，全身颤抖，体温突然下降。有的尖叫几声后死亡，有的鼻孔流出泡沫状血液，肛门周围和粪球被少量淡黄色胶样物沾污。确诊需做血凝抑制试验。

（2）急性巴氏杆菌病（兔出败）

病原　多杀性巴氏杆菌。

病变和症状　全身性出血、充血和坏死变化。呈散发性流行，无明显年龄界限。流行初期，有的病例不显症状而突然倒毙。精神萎靡，不食，呼吸急促，体温达41℃以上，鼻腔流出浆液性、脓性鼻液。死前体温下降，四肢抽搐。病程短的24小时内死亡，长的1～3天死亡。

（3）A型魏氏梭菌病

病原　A型产气荚膜梭菌。

病变和症状　发病不分年龄。发病前多有饲料配方、气候突变，长期饲喂抗生素等应激史。水泻后当天或次日死亡。粪便有特殊腥臭味，呈黑褐色或黄绿色。轻摇兔体可听到“咣、咣”的拍水声。抗生素治疗无效。胃黏膜有出血斑点和溃疡斑点。小肠壁充血、出血，肠腔充满含气泡的稀薄内容物。盲肠浆膜有横行条纹状出血，内容物呈黑色或黑褐色。

（4）大肠杆菌病

病原　埃希氏大肠杆菌。

病变和症状　主要侵害断奶前后仔、幼兔。以下痢、流涎为主。最急性的未见任何症状突然死亡，急性的1～2天内死亡。剖检见胃肠炎，肠道尤其是小肠内有含气泡的黏液样分泌物，小肠

内含较多气体。有改变饲料配方、气候骤变、变化笼位等应激史。

（5）泰泽氏病

病原　毛样芽孢杆菌。

病变和症状　6～12 周龄幼兔较易发病。发病急，以严重的水泻和后肢沾有粪便为特征。10～48 小时内死亡。剖检见坏死性盲肠结肠炎，回肠后段与盲结肠前段浆膜明显出血，肝坏死灶形成及坏死性心肌炎。

（6）野 兔 热

病原　土拉热弗朗西斯菌。

病变和症状　急性病例不显任何症状迅速死亡，仅有个别病例于临死时表现精神萎靡，食欲不振，运动失调。主要症状为鼻炎、发热、浅表淋巴结肿大和化脓。尸检可见淋巴结、肝脏和肾脏肿大与化脓坏死结节形成。

（7）沙门氏菌病

病原　鼠伤寒沙门氏菌和肠炎沙门氏菌。

病变和症状　个别兔不表现明显症状突然死亡。以发热、腹泻和母兔流产为主要症状。主要侵害幼兔和妊娠母兔。幼兔多表现急性腹泻，粪便带有黏液，体温升高，不食，渴欲增强，很快死亡。剖检见内脏充血、出血，淋巴结肿大，肠壁有灰白色结节，肝有小坏死灶，脾肿大等。妊娠母兔流产后常引起死亡，流产的胎儿多数已发育完全。

（8）仔兔急性肠炎（黄尿病）

病因　仔兔食入患乳房炎母兔的乳汁或产箱污浊感染金黄色葡萄球菌而引起。

病变和症状　一般全窝发生或相继发生。病仔兔肛门四周和后肢被稀粪染污，昏睡，不食，死亡率高。剖检见出血性胃肠炎病变。膀胱极度扩张并充满淡黄色尿液，氨臭味极浓。

（9）传染性鼻炎

病原　多杀性巴氏杆菌、支气管败血波氏杆菌、金黄色葡萄球菌或绿脓杆菌等。

病变和症状　妊娠后期的患兔仰头张口呼吸困难而突然死亡。肺部有大小不一、数量不等的脓疱，或胸腔有脓疱，或脓胸，使肺部与胸膜或与胸壁发生粘连。

2. 中毒性疾病

家兔有误食染毒饲料或用药错误病史，群发，体温不高。残剩饲料和胃内容物中可检出相应的毒物。

（1）亚硝酸盐中毒

病因　采食堆集发热的青饲料、蔬菜或饲料中硝酸盐含量过高而发病。

病变和症状　急性多在采食后20分钟到数小时发病。呼吸困难，口流白沫，磨牙，腹痛，耳、鼻青紫。剖检见内脏器官晦暗，血液呈酱油色，不凝固。

（2）氢氰酸中毒

病因　采食高粱、玉米、豆类、木薯等的幼苗或再生苗，或桃、杏、李的叶及核仁。食入或饮入被氰化物污染的饲料或饮水。

病变和症状　发病急，病初兴奋不安，流涎，呕吐，腹痛，胀气和下痢等。行走摇摆，呼吸困难，结膜鲜红，瞳孔散大。心力衰竭，倒地抽搐而死。剖检见血液鲜红，凝固不良。尸僵不全，尸体鲜红，不易腐败。胃内容物有苦杏仁味。胃肠黏膜充血、出血。肺充血、水肿等。

（3）农药中毒

病因　常用农药包括有机磷农药、有机氯农药和菊酯类农药等。兔吃了刚喷过上述农药的野草、青饲料或用其治疗兔外寄生虫时用药不当均可引起中毒。

病变和症状　有接触农药史。死亡时间因食入的农药量多少而不同。有机磷农药中毒以流涎、腹痛、腹泻和神经症状为主要症状。呼吸急促，呼出气有大蒜味。剖检见出血性胃肠炎，浆液出血性肺炎和实质器官变性肿大等。有机氯农药中毒以精神兴

奋、共济失调、麻痹为主要症状。菊酯类农药中毒先发生后肢麻痹，继而四肢全部瘫痪。

（4）**马杜拉霉素中毒**　马杜拉霉素又称加福、抗球王、抗球皇、杜球等，属聚醚类离子载体抗生素，主要用于防治家禽球虫病。

病因　马杜拉霉素用于预防兔球虫病时，预防剂量与中毒剂量十分接近，易引起中毒。

病变和症状　剂量稍大者或搅拌不均匀，采食后24小时迅速死亡。青年兔、泌乳母兔先发病，精神不振，食欲废绝，感觉迟钝，嗜睡，体温正常，排尿困难，粪球变小，四肢发软，嘴着地，似翻跟头动作，数小时后死亡。剖检见心包腔与腹腔积液，胃黏膜脱落，肝淤血肿大，肾变性色黄等。

（5）**肉毒梭菌素中毒**

病因　使用变质鱼粉或肉骨粉，产生肉毒梭菌素引发本病。

病变和症状　急性者在数小时内死亡。肌肉弛缓，瘫痪，呼吸困难。

（6）**灭鼠药中毒**

病因　灭鼠药包括磷化锌、安妥、灭鼠灵、敌鼠等。由于兔误食了被灭鼠药污染的饲料、饮水引起。在兔舍任意放置毒饵而未加强管理可造成家兔误食。

病变和症状　灭鼠药种类不同，发病时间、症状、病变各异。

3. 中　暑

病因　热应激所致。

病变和症状　呼吸困难，口鼻流血样带泡沫液体和神经症状为主要症状，迅速死亡。

4. 仔兔冻死

病因　在寒冷的冬春季节，兔舍气温过低，仔兔因吊乳离窝而死亡。

病变和症状　远离其他仔兔或在产箱外，身体冰凉。

5. 妊娠毒血症

病因　不十分清楚，但妊娠后期营养不足，尤其是碳水化合物缺乏易引发本病。经产母兔发病率高于初产兔，肥胖、子宫肿瘤兔易发。

病变和症状　妊娠母兔、产后母兔和假妊娠母兔均可发生。重症的迅速死亡。顽固性拒食是本病的主要症状。呼出气体带有丙酮味，精神沉郁，反应迟钝，运动失调，四肢无力向外张开。胸腹贴于地面，呈匍匐状。血液丙酮试验呈阳性。

6. 意外事故

常见有大出血、异物性肺炎。

病因　大腿肌内注射药物时，保定不当，针头刺破大动脉，引起大出血，迅速死亡。灌药不当引起异物性肺炎。

病变和症状　大腿肌肉内积有大量血液。鼻腔流出白色脓汁，肺炎病变。

7. 胃 破 裂

病因　急性胃肠炎或管理不当从高层笼位摔下。

病变和症状　散发，多在 12 小时内死亡。尸检可见胃大弯处有破裂口。

8. 肠 套 叠

病因　家兔采食冰冻饲料、冰雪块，受寒，感冒，惊恐，肠道异物或肿瘤等刺激，导致一段肠管套入相连的另一段肠管内。个别兔瘟病例也可引起本病。

病变和症状　突然死亡，死亡前可见剧烈腹痛症状，表现不安，起卧，打滚，呼吸困难，脉搏加快，并迅速继发胃肠臌气，最后精神沉郁。可能排黏性血便。触诊时可感到腹肌紧张，套叠段肠管硬实、敏感、疼痛。剖检见套叠部肠段紫红、肿胀，有炎症变化。套叠部前段臌气、充满食糜。

（二）腹　泻

1. 粪便稀、性质未变

病因　饲料中精料过多、粗纤维含量低。兔舍温度过低。

病变和症状　粪便稀薄，但性质未变。及时降低精料比例，增加饲料中粗纤维含量。提高兔舍温度，腹泻症状会消失。病兔应及时采取措施，否则有激发大肠杆菌病和魏氏梭菌病的危险。

2. 以腹泻为主要症状的传染病

（1）大肠杆菌病

病原　埃希氏大肠杆菌。

病变和症状　断奶前后仔、幼兔多发。以下痢、流涎为主。开始粪球周围包裹白色皮冻样黏液，随后黏液呈淡黄色，后期粪便呈黄色水样，有的仅排出泡沫状白色黏液。剖检见小肠内有淡黄色带气泡黏液。成年兔盲肠、结肠黏膜极度水肿。有改变饲料配方、气候骤变、变化笼位等应激史。

（2）A 型魏氏梭菌病

病原　A 型产气荚膜梭菌。

病变和症状　突然发病，粪便呈黑褐色或黄绿色水泻状，有特殊腥臭味。发病当天或次日死亡。抗生素治疗无效。解剖见胃黏膜有出血斑点和溃疡斑点。盲肠浆膜有横行条纹状出血，内容物呈黑色或黑褐色。

（3）泰泽氏病

病原　毛样芽孢杆菌。

病变和症状　6～12 周龄幼兔较易发病。发病急，以严重的水泻和后肢沾有粪便为特征。10～48 小时内死亡。剖检见坏死性盲肠结肠炎，回肠后段与盲结肠前段浆膜明显出血、肝坏死灶形成及坏死性心肌炎。

（4）仔兔黄尿病

病因　仔兔吮吸了患乳房炎母兔的乳汁而发病。

病变和症状　一般仔兔全窝同时或相继发生，肛门周围被毛潮湿、腥臭，病程2～3天。尸检可见肠黏膜充血和出血，膀胱内充满黄色尿液。

（5）仔兔轮状病毒病

病原　轮状病毒。

病变和症状　2～6周龄仔兔突然发病，粪便呈水样、无恶臭。出现下痢后2天内死亡。

（6）绿脓杆菌病

病原　绿脓杆菌。

病变和症状　以出血性肠炎及肺炎为特征。突然拒食，呼吸困难，体温升高，出现血样下痢。多数胃内有血样液体，肠道尤其是十二指肠、空肠黏膜出血，肠腔内充满血样液体。

（7）沙门氏菌病

病原　鼠伤寒沙门氏菌和肠炎沙门氏菌。

病变和症状　以发热、腹泻和母兔流产为主要症状。主要侵害幼兔和妊娠母兔。幼兔多表现急性腹泻，粪便带有黏液，体温升高，不食，渴欲增强，很快死亡。

（8）链球菌病

病原　C型链球菌。

病变和症状　体温升高，不食，精神沉郁，呼吸困难，间歇性下痢，最后死亡。剖检见皮下浆液出血性炎症，脾肿大，出血性肠炎，实质器官变性等。

（9）脑炎原虫病

病原　脑炎原虫。

病变和症状　常无症状。有的有脑炎和肾炎症状，如惊厥、颤抖、斜颈、麻痹、昏迷。常出现蛋白尿及腹泻。肉芽肿、非化脓性脑炎是本病的特征性病变。

3. 伴有腹泻的传染病

（1）伪结核病　逐渐消瘦，常无明显临床症状。部分病兔先

发热，便秘，而后出现腹泻。尸检可见内脏器官和淋巴结有粟粒到黄豆大或串状干酪结节。

（2）**巴氏杆菌病**　早期有鼻液，歪颈，呼吸困难，仅在后期出现腹泻。

（3）**克雷伯氏菌病**　主要侵害仔兔。粪便呈水样，流鼻液，打喷嚏，发热，呼吸困难。尸检可见肺淤血和水肿，肠黏膜充血或出血。

（4）**坏死杆菌病**　有特征的坏死性溃疡病灶，带恶臭，仅有部分兔发生腹泻。

（5）**兔痘**　以发热、结膜炎和皮肤痘疮为主要症状，仅有部分兔发生腹泻。

4. 球 虫 病

病原　艾美尔属的多种球虫。

病变和症状　断奶至3月龄幼兔易感，死亡率高。主要表现腹泻、消瘦、贫血，部分兔有共济失调等神经症状。剖检肝、肠特征病变。粪便检查发现大量球虫卵囊。

5. 霉变饲料中毒

病因　家兔采食了发霉饲料因霉菌毒素而引起。

病变和症状　有饲喂霉变饲料史。病初食欲减退，后期废食，消化紊乱，先便秘继而排稀便，粪便带黏液或血。慢性中毒，精神沉郁，不食，腹围膨大。母兔表现流产症状。

6. 有机磷农药中毒

病因　有误食喷洒农药或拌药饲料的病史或外用有机磷农药的病史。

病变和症状　全身症状严重。排出有大蒜味的血便。

7. 菌群失调症

病因　多数由长期持续使用抗生素或突然改变饲养管理等引起。

病变和症状　起初粪便呈褐色糊状，而后发生剧烈水泻。病兔极度消瘦。

（三）呼吸急促、困难，流鼻涕，打喷嚏，咳嗽

1. 严重昏迷的急性呼吸困难

（1）急性胃过度负荷（胃扩张）

病因　食物发酵形成气体（膨胀），过食（长期绝食后饲喂青绿饲料如青草、苜蓿、三叶草等）。

病变和症状　实质性胃扩张，由于胃内气体向前挤，胸腔变狭，致使呼吸困难。

（2）胃 阻 塞

病因　毛球所致。

病变和症状　毛球或毛块堵塞幽门部导致食物不能向后移行，使胃呈膨大状。

（3）中暑（热射病）

病因　在高温（约30℃）和高湿（约85%）时发生。

病变和症状　肺叶发红，呼吸道有泡沫状黏液，皮肤发红。

（4）肺 炎

病因　细菌感染（多杀性巴氏杆菌、支气管败血波氏杆菌等）。

病变和症状　肋胸膜和脏胸膜变厚呈红灰色，胸腔、肺内有脓胞和化脓性纤维素性渗出物。肺灰红色、发硬，其中有脓胞。心包炎。

2. 流鼻涕，打喷嚏，鼻塞（无呼吸障碍）

（1）感 冒

黏膜局部刺激，伤风（无细菌感染）。

病因　低温，灰尘，氨气。

病变和症状　浆液性、黏液性鼻腔分泌物。

（2）传染性鼻炎

病原　多杀性巴氏杆菌、支气管败血波氏杆菌、金黄色葡萄

球菌、绿脓杆菌等。

病变和症状　脓性分泌物或鼻黏膜潮红，鼻窦化脓。

（四）消　瘦

家兔生长缓慢，减重，采食增加，有时排软便或便秘，病程缓慢。

1. 营养缺乏

病因　仅喂青草或干草。饲料中能量、蛋白质不足。

病变和症状　无异常表现，采食正常，仅表现消瘦。无病理变化。

2. 消化器官的寄生虫

（1）肝球虫病

病原　艾美尔肝球虫。被粪便卵囊感染所致。

病变　肝有麦粒至黄豆大的白色病灶。镜检可发现粪便中有卵囊。

（2）肠球虫病

病因　艾美尔球虫引起。

病变和症状　肠卡他性炎症。肠黏膜呈淡灰色，可见小的灰白色结节（内含卵囊）。

（3）栓尾线虫病

病因　栓尾线虫感染。

病变和症状　贫血，患兔发痒频频用嘴啃咬肛门处。可见粪球和肛门有白色线头样虫体。胃肠卡他，盲肠内也有虫体。

（4）豆状囊尾蚴病

病因　由豆状带绦虫的中绦期幼虫——豆状囊尾蚴寄生于兔的肝脏、肠系膜和网膜等引起。

病变和症状　养犬兔场的兔群多有感染本病。消瘦，贫血。急性发作的患兔突然死亡。剖检见囊尾蚴寄生在肠系膜、网膜、肝表面等处，数量不等，状似小水泡或葡萄串。有些肝实质中见

弯曲的纤维化组织。

（5）肝片吸虫病

病因　肝片吸虫通过中间宿主（锥实螺、蚂蚁）感染。

病变和症状　消瘦，精神委顿，食欲不振，衰弱，贫血和黄疸等。肝脏胆管明显增粗，呈灰白色索状或结节状，突出于肝脏表面，胆囊增大，粪便中有虫卵。

3. 慢性传染性疾病

（1）伪结核病

病因　啮齿动物的伪结核耶尔新氏杆菌通过其他患病动物的排泄物及小鼠和大鼠而感染。

病变和症状　主要表现腹泻、消瘦，经3～4周死亡。剖检见脾脏增大，有栗粒状灰白色病灶。有时在盲肠蚓突、圆小囊、肠系膜淋巴结、肝和肺上也有同样病变。

（2）野 兔 热

病因　土拉热弗朗西斯菌，通过其他兔或有关动物的粪便感染。

病变和症状　剖检见淋巴结、肝、脾、肾肿大与化脓坏死结节形成。

（3）脓　肿

病原　金黄色葡萄球菌。

病变和症状　在体淋巴结或内脏中有脓肿（颈、肩、皮肤、膝部、肠系膜等）。

（4）单独器官的感染

病因　慢性子宫内膜炎（在妊娠期或产后感染）。

病变和症状　子宫增大，含脓性内容物，胚胎腐败。

（5）感染性关节炎

病原　多杀性巴氏杆菌、金黄色葡萄球菌。

病变和症状　关节肿大（膝、肩等关节），活动受限。

4. 慢性器官疾病　老龄兔多发。

（1）**肾纤维变性**

病因　兔脑炎原虫感染、中毒等。

病变和症状　通常两肾变硬，呈淡褐色，表面粗糙。

（2）**肾和动脉钙化**

病因　钙代谢障碍，维生素 D 过剩，饲料中磷酸盐过多。

病变和症状　主要动脉（主动脉、颈动脉、股动脉）有灰白色钙沉着，肾淡褐色、皮质呈硬条状。

5. 肿瘤　多发于老龄兔。

（1）**白 血 病**

病因　胚胎发育期白血病病毒感染。

病变和症状　肝、脾、淋巴结肿大，肝有灰白色瘤状物。

（2）**成肾胚细胞瘤**

病因　未知，仅个别病例。

病变和症状　肾上有单个肿瘤或囊肿（一般在肾的上部）。

（3）**子宫癌**　仅发生在老母兔。

病变和症状　在子宫和肺上有肿瘤。

6. 螨　病

病因　疥螨、痒螨感染。

病变和症状　家兔奇痒，采食下降，消瘦，如果不及时治疗，因消瘦、衰竭而死。

7. 毛癣菌病

病原　须发毛癣菌、小孢霉等感染。

病变和症状　患病部位覆盖一层灰白色糠麸状痂皮。家兔采食下降，逐渐消瘦，皮毛质量下降。

8. 溃疡性脚皮炎

病因　脚毛稀疏，笼底板高低不平或用铁丝笼底，兔舍潮湿均可造成损伤性皮炎。

病变和症状　跖骨部底面或掌骨部侧面皮肤上覆盖干燥硬痂或大小不等的局限性溃疡。

患兔食欲下降，体重减轻，被毛质量下降。泌乳母兔因奶水不足，仔兔死亡率升高。驼背，呈踩高跷步样，四肢频频交换支持负重。

（五）眼　病

1. 眼睑和结膜病变

（1）结膜炎（泪眼）、结膜发炎

病因　兔舍空气污浊（氨气、硫化氢、尘埃等浓度高）、刺激，引起局部感染。兔痘感染。

病变和症状　浆液性分泌物，结膜潮红，角膜泪汪汪的。卡他性结膜炎，流泪，结膜充血、红肿，通常无脓性分泌物，外界因素消除后很快痊愈的为异物性结膜炎，皮肤出现豆疹的为兔痘。

（2）化脓性结膜炎

病因　传染性鼻炎（巴氏杆菌等感染），兔痘，兔密螺旋体病或弓形虫病。

病变和症状　灰白色（脓性）结膜分泌物，黏膜潮红。眼睑中度肿胀，结膜发红，有浆液性、黏液性或黏脓性分泌物。伴随有传染性鼻炎、中耳炎等症状的为巴氏杆菌病。伴有皮肤豆疹的为兔痘。伴有母兔阴唇和肛门皮肤和黏膜发生炎症、结节和溃疡；公兔阴囊水肿，皮肤呈糠麸样，阴茎水肿，龟头肿大的为兔密螺旋体病。突然不食，体温升高和呼吸加快，有浆液性或浆液脓性眼垢和鼻漏的为急性弓形虫病。

（3）结膜炎（角膜浑浊粗糙）

病因　饲料中维生素 A 缺乏。

病变和症状　角膜表面呈模糊的白斑式白带，角膜浑浊粗糙而干燥，球结膜的边缘部分有色素沉着。严重者为弥漫性角膜炎，虹膜睫状体炎，眼前房积脓和永久性失明。无传染性，具群发性。

（4）黏液瘤病

病因　黏液瘤病毒感染。

病变和症状　眼睑肿胀，化脓性结膜炎。伴有皮肤肿瘤和皮下显著水肿，尤其是颜面部和其他天然孔周围的水肿。

（5）毛癣菌病

病因　主要是须发癣菌和小孢霉感染。

病变和症状　眼睛周围脱毛、充血，起白色痂皮，形成“眼镜”，出现结膜炎。耳部、嘴周、身体其他部位均可出现相同病变。

（6）螨 感 染

病因　疥螨感染。

病变和症状　眼睑有鳞屑和痂皮。伴有脚趾、耳部、嘴周等部位结痂。

（7）结膜黄染，机体消瘦

病因　球虫病、肝片吸虫病引起。

病变和症状　若肝表面有白色或淡黄色结节病灶，为球虫病；肝脏胆管明显增粗，呈灰白色索状或结节状，突出于肝脏表面为肝片吸虫病。

（8）结膜发绀

病因　急性巴氏杆菌病。

病变和症状　各器官出现充血、出血和坏死变化。

2. 眼球病变

（1）角膜浑浊

病因　感染和外伤。

病变和症状　灰白色角膜浑浊，局部或弥散性，有时有溃疡。

（2）晶状体浑浊

病因　遗传性的（一般与青光眼伴发）。

病变和症状　灰白色晶状体（部分或全部）。

（3）牛眼（青光眼）

病因　遗传性，维生素 A 代谢异常。

病变和症状　由于眼房液增加，使角膜突出（一般带有晶状体浑浊）和增大像牛眼一样圆睁而突出。

（4）眼 球 炎

病因　感染大肠杆菌。

病变和症状　眼球发炎、肿胀，眼前房积脓，单侧失明，眼球突出于眼眶外。内脏具有大肠杆菌病病变。

（5）外　伤

病变和症状　角膜或虹膜出血，角膜缺损。

（6）小眼、无眼珠

病因　遗传性。

病变和症状　眼较小或无眼珠。

（六）耳　病

1. 垂　耳

病因　遗传性。抓兔提耳造成耷下。

病变和症状　耳朵从基部垂向前外侧，或耳朵超重而呈现单纯向下悬挂。耳软骨受伤引起耷下。

2. 耳部痂皮

病因　疥螨、毛癣菌寄生。

病变和症状　耳郭、耳边缘覆盖鳞片状痂皮，耳边缘呈锯齿状，用伊维菌素治疗有效的为疥螨病。耳根周围、耳郭脱毛、充血，有白色皮屑，其他如鼻周围、面部等有类似病变的为毛癣菌病。

3. 中耳炎（化脓性）

病因　痒螨、巴氏杆菌感染。

病变和症状　甩头，触耳时兔极力反抗，耳壳内结痂，有较多干燥分泌物的为痒螨病。耳根肿胀，耳道有黏稠分泌物，斜

颈、神经症状并伴有传染性鼻炎、化脓性结膜炎的为巴氏杆菌病。

4. 黏液瘤病

病因　黏液瘤病毒感染。

病变和症状　耳根和耳郭有软生面团样肿胀。

5. 耳红、肿、痛，水泡，溃疡

病因　冻伤。

病变和症状　轻度，局部肿胀、发红、疼痛，稍温热；中度，局部出现充满透明液体的水泡，水泡破溃后，形成溃疡，愈后留有疤痕；重度，组织坏死、干枯、皱缩、分离脱落。

6. 耳边缘卷曲

病因　维生素A中毒。

病变和症状　耳朵变软，部分耷下，远端卷曲。具群发性。

7. 耳郭有红点

病因　蚊虫叮咬。

病变和症状　耳郭散在出血点。患兔瘙痒不安。

8. 耳呈黑紫色、冰凉

病因　重病后期。

（七）流 口 水

1. 传染性水疱性口炎

病因　水疱性口炎病毒感染。

病变和症状　嘴唇、口腔、牙龈黏膜上有白色小泡或溃疡，大量流口水。断奶后1～2周兔多发，有饲喂粗糙或带刺饲料史，具传染性。治疗不及时，死亡率高。

2. 坏死杆菌病

病因　坏死梭杆菌感染，常与水疱性口炎伴发。

病变和症状　嘴周围污秽，痂皮样皮炎，黏膜溃疡，病变组织发出恶臭气味。

3. 口腔乳头状瘤

病因　乳头瘤病毒感染。

病变和症状　口腔和牙龈黏膜有肥厚的瘤状物。

4. 牙 龈 炎

病因　牙龈感染（金黄色葡萄球菌等）。

病变和症状　牙龈肿胀发红，脓肿形成，颌部增厚，形成瘘管。

5. 牙齿生长异常

病因　遗传原因。饲养管理不当，如只喂粉料，牙齿不能经常磨损而过度生长等。

病变和症状　上颌或下颌变短，门齿伸出，臼齿使用不规则。

6. 大肠杆菌病

病因　埃希氏大肠杆菌感染。

病变和症状　四肢发冷，磨牙，流涎。具传染性。剖检见小肠内充满气体和淡黄色黏液。病初排出黄色明胶样黏液和附着有该黏液的干粪。随后出现黄色水样稀粪或白色泡沫。

7. 中毒性疾病

病因　食盐、亚硝酸盐、氢氰酸、霉菌毒素、菜籽饼、有机磷和灭鼠药等中毒。

病变和症状　流涎，腹泻，呼吸困难，神经症状，最后死亡。

（八）兴　奋

病兔行为激动，震颤，癫狂发作。幼兔互相咬斗。

1. 发情（成熟母兔）

病变和症状　阴门肿胀、湿润，尿频，啃咬兔笼、食具。

2. 恐　惧

病因　人、动物（猫、犬等）、突然的响声等的恐吓。

病变和症状　哺乳母兔咬食仔兔。乱窜，顿脚。

3. 缺镁（主要在幼兔）

病因　牧草或农作物副产品钾、氮含量过多，影响镁的吸收，使用其作为兔饲料易诱发本病。

病变和症状　脱毛，被毛结构、光泽发生改变，小脑损害。还有抽搐、惊厥等症状。血清镁含量降低是本病病理学特点。

4. 麻痹性震颤

幼兔多发、遗传性的，出生后 7 天就开始出现震颤。

病因　X- 连锁隐性基因的遗传性疾病。

病变和症状　身体震颤，引起四肢痉挛性麻痹，伴有排尿失禁和褥疮溃疡，脑细胞变性。

5. 癫　痫

病因　隐性遗传所致。视觉、听觉受刺激引起癫痫发作。

病变和症状　突然发作，随后失去知觉，每次持续 3～4 分钟，可完全恢复正常。

6. 脑　炎

病因　兔脑炎原虫、龚地弓形虫、李氏杆菌等感染。

病变和症状　脑内有肉芽肿。

7. 中 毒 病

病因　杀虫剂（毒杂芬、二硝基酚）中毒。

病变和症状　无特异性病变和症状。

8. 兔　瘟

临死前短暂性兴奋，迅速死亡。

病因　兔瘟病毒感染。

病变和症状　全身实质器官出血、水肿等。青年、成年兔易发。

（九）虚　脱

家兔表现急性循环衰竭（常不久即死亡），昏迷，浅呼吸，皮肤发绀。

1. 心脏衰竭（热射病）

病因　高温、高湿或太阳直射所致。

病变和症状　血管和器官充血。

2. 妊娠毒血症

病因　代谢中毒。

病变和症状　妊娠或泌乳母兔发生。一般在腹腔内有大量脂肪沉积，形成脂肪肝，胎儿出生时或出生后子宫增大。

3. 中　毒

病因　硝酸盐中毒或误食有毒植物等。

病变和症状　胃肠出血。

（十）母兔屡配不孕

母兔表现多次连续配种但不能受孕。

1. 母兔疾病

（1）生殖系统发育不全

病因　激素失调，卵巢、子宫发育不全。

病变和症状　卵巢发育不全。卵巢上没有卵泡形成。子宫幼小。

（2）母兔肥胖

病因　脂肪包裹着卵巢或输卵管，造成排卵困难。

病变和症状　卵巢被大量脂肪包埋着。

（3）阴　道　炎

病因　兔密螺旋体、坏死杆菌、黏液瘤病毒感染。

病变和症状　皮肤溃疡或痂皮，阴门缺陷，有时有结膜炎。

（4）子宫内膜炎

病因　产仔感染后子宫发炎（链球菌、大肠杆菌、巴氏杆菌等）。

病变和症状　阴道有分泌物，化脓性子宫炎。通过触摸子宫可进行诊断。

（5）子宫溃疡　偶发于2年以上的老母兔。

病变和症状　子宫壁增厚，子宫壁和黏膜上有假膜或包囊。

（6）子宫腺癌

病因　不够清楚。与年龄有关。

病变和症状　子宫黏膜有一个或数个大小不等的肿瘤，呈圆形，色淡红或灰红，质地坚硬。后期可在肺、肾等器官看到转移性肿瘤。多发生于 4 岁以上的老龄兔。

（7）李氏杆菌病

病因　李氏杆菌感染。

病变和症状　发生流产之后长期不孕。子宫内积有多量脓性渗出物，子宫壁增厚有坏死灶。

2. 公兔疾病

（1）睾丸发育不全

病因　先天缺陷。

病变和症状　睾丸小，位于腹腔内。

（2）交配器官炎症（阴茎、包皮）。

病因　兔密螺旋体病（兔梅毒），坏死杆菌病。

病变和症状　交配器官的皮肤上形成痂皮（兔梅毒、坏死杆菌病），有时有结膜炎。

（3）黏液瘤病

病原　黏液瘤病毒感染。

病变和症状　阴茎肿胀。

（十一）流　产

母兔妊娠中止，排出未足月的胎儿。

1. 机械性流产

病因　粗暴捕捉或摸胎不当。

病变和症状　流产常在粗暴行为后不久发生，无其他症状。

2. 受　惊

病因　鞭炮声或猫犬窜入兔舍使兔受惊，腹部肌肉收缩造成流产。

病变和症状　受惊后流产。

3. 营养代谢病

病因　维生素A、维生素E或微量元素（锌、锰等）缺乏引起。

病变和症状　幼兔生长发育迟滞、母兔繁殖力下降以及眼病为主要症状。维生素E缺乏以肌肉无力和萎缩为主要症状。测定饲料中微量元素含量来确诊。

4. 中毒病

病因　误食毒物或染毒饲料。

病变和症状　除流产症状外，毒物不同还有其他症状。

5. 妊娠毒血症

病因　原因不十分清楚。与营养失调和运动不足有关。

病变和症状　乳腺分泌旺盛，卵巢黄体增大。肝、肾、心脏苍白，脂肪变性。脑垂体变大，肾上腺及甲状腺变小、苍白。妊娠母兔在产前4～5天发病。以肌肉痉挛、共济失调、呼吸困难为主要症状。死亡前发生流产。

6. 药物性流产

病因　妊娠期使用缩宫药、大量泻药或麻醉剂，或采食大量含有雌激素作用物质的植物性饲料，如苜蓿、三叶草等。

病变和症状　流产，通常无其他症状。

7. 细菌性流产

病因　密螺旋体、沙门氏菌、李氏杆菌或流产布鲁氏菌或马耳他布鲁氏菌等感染。

病变和症状

密螺旋体病：母兔阴唇、肛门皮肤红肿，有小结节、溃疡和痂皮，偶发流产。

沙门氏菌病：妊娠25天后流产，胎儿多已成形，流产后死亡，子宫肿大，浆膜、黏膜充血，并有化脓性子宫炎。

李氏杆菌病：有明显的神经症状，如歪颈、斜眼、翻滚运动和共济失调等。患兔胸腔、腹腔和心包有清朗积液。

布鲁氏菌病：表现为流产、子宫炎，从阴道内流出大量分泌物，甚至脓性或血样分泌物。体温升高。公兔的附睾和睾丸肿胀。有时会出现脊椎炎，造成后肢麻痹。剖检见肝脏、脾脏、肺脏及腋淋巴结出现脓肿。母兔子宫内蓄脓，黏膜溃疡或坏死。

8. 病毒性流产

病因　兔痘病毒感染。

病变和症状　皮肤豆疹，流产。子宫布满白色结节。

9. 习惯性流产

病因　原因不详。

病变和症状　妊娠后即发生流产。也无其他临床症状。

10. 霉菌性流产

病因　采食霉变饲料引起。

病变和症状　肝脏肿大、硬化，子宫黏膜充血。流产多呈爆发性的，妊娠不同时期的母兔均可发生。

（十二）疑似妊娠而迟迟不产

1. 宫 外 孕

病因　原发性极为少见，继发性多见，一般多因输卵管破裂或妊娠母兔子宫破裂使胚囊突入腹腔造成。

病变和症状　剖腹产或剖检时可见胎儿附着于胃小弯部的浆膜上、盆腔部或腹壁，胎儿大小不一，有成形的，有未成形的，胎儿外部常有一层较薄的膜或脂肪包裹着。

2. 子宫脓肿

病因　巴氏杆菌、金黄色葡萄球菌等感染。

病变和症状　子宫内有大小不等脓疱，触诊似胎儿。区别：胎儿大小比较均匀一致，触摸似肉状物。脓肿大小不一致，触摸有液体波动感。

3. 胎儿吸收、木乃伊化、液化、死亡

病因　营养过剩或供应不足，维生素 A 缺乏，李氏杆菌、鼠伤寒沙门氏杆菌等感染。子宫腺癌。

病变和症状　营养过剩或不足，维生素 A 缺乏引起胎儿吸收、死胎。李氏杆菌病可引起流产或胎儿干化。沙门氏杆菌病除引起流产外，还可引起胎儿木乃伊化、腐烂或液化。子宫腺癌可引起受胎率下降，窝产仔数减少，死胎增多，母兔弃仔，难产，整窝胎儿潴留在子宫内，子宫外孕和胎儿在子宫内被吸收等。

4. 胎儿数量少但大

病因　遗传因素或配种方法不当，仅妊娠 1～3 只，妊娠期延长，甚至达 35 天。

病变和症状　产出的胎儿数量少，但体重特大，长出绒毛。

（十三）皮肤病变和毛皮损伤

1. 脱　毛

（1）斑状或大面积脱毛、毛稀或完全无毛

病因　遗传缺陷。先天无毛（先天性脱毛症）。

病变和症状　仔、幼兔全秃，有家族性。

（2）毛癣菌病

病因　须发癣菌、小孢子菌感染。

病变和症状　大面积扩散性脱毛，通常从头开始，初期在嘴和耳周围有环状脱毛。

（3）食 毛 症

病因　营养不平衡，拥挤。

病变和症状　被毛被自己或其他兔吃掉，无毛处无痂皮。

（4）营养性脱毛

病因　营养缺乏。

病变和症状　以成年兔和老年兔多发。皮肤无异常，大腿和肩胛部有断毛。毛茬整齐，似剪刀剪去一样。病料做真菌和螨检查呈阴性。

（5）**锌或镁缺乏**

病因　饲料中缺乏锌，或铜含量过高；缺乏镁。

病变和症状　锌缺乏：生长发育停滞，部分被毛脱落，皮肤出现鳞片。口周围肿胀、溃疡和疼痛，下颌和颈部被毛变成湿擀毡。镁缺乏：被毛无光泽，背部、四肢和尾巴脱毛。剖检见有的肾脏有出血斑。

（6）**中　毒**

病因　药物、重金属中毒。

病变和症状　全身脱毛。

（7）**B 族维生素缺乏症**

病因　维生素 B_6、泛酸、烟酸、生物素缺乏。

病变和症状　有皮肤粗糙及鳞屑、皮炎和脱毛症状。

（8）**脚 皮 炎**

病因　体重较大，脚毛不丰满，笼地板粗糙不平，兔舍潮湿，神经过敏。

病变和症状　趾部脱毛或有溃疡、痂皮。

（9）**皮肤过敏**

病因　对光敏感，口服青霉素、螺旋霉素治疗后，或其他原因。

病变和症状　死毛和粗毛脱落，皮肤发红，偶尔有少量出血。

（10）**季节性换毛**　属正常生理特征。仅发生于成年兔，在春、秋两季发生，皮肤无病变。

（11）**妊娠母兔拉毛**　属正常生理特征。母兔分娩前后 1～2 天有拉毛做窝现象。

2. 寄生虫感染　表现搔痒，不安，摇头，消瘦。

（1）**头和皮肤疥癣**

病因　疥螨（兔疥螨和足螨）寄生。

病变和症状　蔓延全身的脱毛和皮屑形成。皮屑镜检发现螨虫。

（2）耳　癣

病因　足螨、痒螨寄生。

病变和症状　耳上、耳内有皮屑和痂皮。皮屑检查可查出螨虫。

3. 蜱、蚤、虱病　表现不安、消瘦，昏迷状态。

病因　蜱、蚤、虱寄生。

病变和症状　无特异病变，有擦伤，有时黏膜苍白（贫血）。体表发现兔虱、蚤或蜱。

4. 皮肤发炎（皮炎）　表现上皮脱落，湿疹，痂皮，脓胞，皮肤溃疡，皮肤疼痛。

（1）脓　肿

病因　金黄色葡萄球菌、绿脓假单胞菌等感染。

病变和症状　脓肿破溃后流出浓稠、乳白色酪状或乳油状脓液，为金黄色葡萄球菌感染形成的脓肿。脓肿界限清楚，有包囊，脓液呈淡绿色或灰褐色黏液状，有特殊气味的，为绿脓假单胞菌感染。

（2）兔　痘

病因　兔痘病毒感染。

病变和症状　皮肤豆疹病变。表现为红斑、丘疹、坏死和出血。

（3）污染性皮炎

病因　毒气，污秽的褥草，粪尿污染，瘫痪，坏死杆菌病，水疱性口炎。

病变和症状　下腹和大腿内侧的毛被污染，脱毛，皮肤发红，上皮缺损，形成分泌物和痂皮，有时也在嘴上。

（4）密螺旋体病（兔梅毒）

病因　兔密螺旋体感染。

病变和症状　阴道和包皮上有带痂皮的溃疡。

（5）跗关节疼痛

病因　后脚部化脓性炎症（金黄色葡萄球菌、坏死杆菌、假

单胞菌等感染）。

病变和症状　后脚跖部肿胀，化脓性瘘管形成，皮肤污染。

（6）急性剧烈疼痛

病因　兔笼不适引起外伤或咬斗。

病变和症状　出血性损伤，皮肤不污秽。

（7）湿性皮炎

病因　下颌、颈下、肛门或后肢皮肤长期潮湿，继发细菌感染而造成。

病变和症状　患部皮肤发炎。脱毛、糜烂、溃疡甚至组织坏死等。可继发各种细菌感染，常为绿脓杆菌感染，将被毛染为绿色，被称为“绿毛病”、“蓝毛病”。坏死杆菌也可感染。感染可因脓毒败血症而死亡。

5. 皮肤肿瘤　表现局部肿胀，溃疡性结节（有时在口腔黏膜上）。

（1）黏液瘤病

病因　黏液瘤病毒感染（流行性）。

病变和症状　在耳、头、眼睑、嘴、肛门和生殖道等处有生面团样硬度的肿胀。

（2）纤维瘤病

病因　纤维瘤病毒局部感染。

病变和症状　多于腿、足等部位皮下形成坚实圆形的硬节（肿瘤），松弛地附着于皮下或黏膜下结缔组织，具有滑动性。

（3）乳头状瘤病

病因　乳头状瘤病毒感染（地方流行性）。

病变和症状　在皮肤和黏膜（口腔）上有独立的疣状肿胀。

（十四）异 食 症

家兔除采食正常饲料外，还喜欢采食平时不吃的杂物，如食毛、食仔等。

1. 吞食仔兔

病因　日粮营养不平衡。产仔前、后供水不足或受到惊扰，产箱、垫草或仔兔带有异味。或发生死胎时，死仔未及时取出等。

病变和症状　刚生下或产后数天的仔兔全部或部分被吃掉，初产母兔多发。

2. 食 毛 症

病因　日粮中缺钙、磷及维生素或含硫氨基酸，兔笼狭小、相互拥挤。

病变和症状　自食、吃他兔或互食，头部或其他部位缺毛。1～3月龄兔多发。秋冬或冬春季节交替时多发。食毛兔易发生毛球病，触诊胃内或肠内有块状毛球。剖检见胃内容物混有毛或形成毛球。

3. 食 足 癖

病因　饲料营养不平衡，患寄生虫，内分泌失调。

病变和症状　不断啃食脚趾尤其后脚趾，伤口经久不愈。严重的露出趾节骨，有的感染化脓或坏死。

4. 啃咬笼具

病因　饲料硬度不够或长期饲喂粉料。

病变和症状　不断啃食笼地板、产箱、食具等。

（十五）斜　颈

1. 巴氏杆菌病

病原　多杀性巴氏杆菌。

病变和症状　歪脖，触压耳部敏感，外耳道有化脓性渗出物。化脓性中耳炎。患有传染性鼻炎、结膜炎的兔群易发。

2. 脑炎原虫病

病原　兔脑炎原虫。

病变和症状　秋冬季节多发。歪脖，触压耳根不敏感，有翻滚等异常运动。伴随有惊厥、颤抖、麻痹、昏迷、平衡失调、蛋白尿及腹泻等。剖检见肾表面有小白点或大小不等的凹陷病灶，脑实质内有肉芽肿，脑和肾脏中可发现兔脑炎微孢子虫。

3. 李氏杆菌病

病原　产单核细胞李氏杆菌。

病变和症状　间歇性神经症状，如嚼肌痉挛，全身震颤，眼球凸出，头颈偏向一侧，做转圈运动等。病理变化为鼻炎、化脓坏死性子宫内膜炎、单核细胞性脑炎和肝、心、肾、脾等内脏坏死灶形成。血中单核细胞增多可确诊。

4. 耳 螨 病

病原　痒螨。

病变和症状　外耳及耳道局部脱毛、结痂，奇痒。皮屑中查出痒螨。

5. 维生素 A 缺乏

病因　缺青饲料或饲料中维生素 A 含量不足。

病变和症状　以畏光、流泪、角膜浑浊和溃疡为特征，仅有部分病兔头偏向一侧转圈，左右摇摆，倒地或无力回顾，缩头，角弓反张，腿麻痹。

6. 维生素 E 缺乏症

病因　饲料中维生素 E 含量不足或不饱和脂肪酸过高，或患肝脏疾病引发。

病变和症状　以肌肉无力、萎缩为主要症状。后期出现歪颈、转圈、共济失调、俯卧等症状。剖检肌肉外观极度苍白，坏死肌纤维有钙化。

7. 药物中毒

病因　三氯杀螨醇、链霉素中毒。

病变和症状　有用三氯杀螨醇涂搽耳郭用药史。除歪颈外，没有其他症状，一般不引起死亡。用链霉素剂量过大或使用时间过长，病兔有听力丧失、歪颈、失明等症状。

8. 脊柱侧弯

病因　脊柱侧弯引起歪颈，多数为先天性畸形。

病变和症状　脊柱中脊椎缺失、减少，或额外的半脊椎单位与肋骨合并或分叉等。歪颈是脊柱侧弯的表现。

（十六）跛　行

家兔表现四肢疾病，运动失调。

1. 单肢跛行　仅一侧跛行，活动或负重时跛行。

（1）腿骨骨折

病因　意外事故，如笼底制作不规范，腿陷入缝中折断。

病变和症状　骨折区肿胀，完全骨折的骨折点以下的骨头呈游离状。

（2）胯关节或膝关节脱臼（脱位）

病因　事故、铁丝网笼底内损伤。

病变和症状　关节下端骨头位置异常，关节活动受限。

（3）肌肉或肌腱损伤

病因　尖锐物体的伤害。

病变和症状　肿胀，有时有血污伤口，疼痛。

（4）关 节 炎

病因　一般是感染巴氏杆菌或葡萄球菌。

病变和症状　关节肿胀，活动受限。破溃后流出白色脓汁，可引起败血症。

2. 两前肢或两后肢跛行　跛行对称，截瘫，四肢麻痹。

（1）创伤性脊椎骨折

病因　捕捉、保定方法不当、受惊乱窜或从高处跌落以及长途运输等原因均可使腰椎骨折、腰荐脱位。

病变和症状　一个或更多脊椎某段受损断裂，局部有充血、出血、水肿和炎症等变化，膀胱因积尿而肿胀。后躯完全或部分突然麻痹，患兔拖着后肢行走。脊髓受损，肛门和膀胱括约肌失控，大小便失禁，臀部被粪尿污染。

（2）脊 髓 病

病因　李氏杆菌、脑炎原虫、粪地弓形虫、巴氏杆菌等感染。

病变和症状　在显微镜下可见到脊髓和其他器官的炎性病灶。若单核白细胞显著增加，可达白细胞总数的30%～50%的为李氏杆菌。剖检见肾表面有小白点或大小不等的凹陷状病灶，严重时肾表面呈颗粒状或高低不平的为脑炎原虫病。剖检见坏死性淋巴结炎、肺炎、肝炎、脾炎、心肌炎和肠炎等变化的为弓形虫病。伴有斜颈、鼻炎等症状的为巴氏杆菌病。

（3）脊髓空洞症（共济失调）

病因　先天性脊髓缺陷。

病变和症状　显微镜下可见到脊髓缺陷。1月龄兔多发，有同胞发病的特点。

（4）产后瘫痪

病因　血钙降低。

病变和症状　母兔分娩前后突然发病，多发生于产后2～3周。检查血钙含量明显降低。

（5）脚 皮 炎

病因　体重大，脚毛不丰满，笼底制作不规范，环境潮湿等。

病变和症状　患兔呈踩高跷步样，脚底面有白色溃疡，干裂，有的激发葡萄球菌形成脓肿。

（十七）肛门、阴部有脱出物

1. 脱肛　指直肠后段黏膜脱出于肛门外。

病因　慢性便秘、长期腹泻、直肠炎及其他使兔经常努责的疾病是引起本病的主要原因。

病变和症状　病初见少量直肠黏膜外翻，呈球状，为粉红或鲜红色，但常能自行恢复。如进一步发展，黏膜坏死、结痂。

2. 直肠脱 指直肠后段全层脱出于肛门外。

病因 同脱肛。

病变和症状 脱肛若进一步发展，脱出部不能自行恢复，且增多变大，使全层脱出成为直肠脱，多呈棒状，引起水肿淤血，呈暗红色或青紫色，易出血。表面附有兔毛、粪便和草屑。随后黏膜坏死、结痂。

3. 阴 道 脱

阴道壁一部分或全部脱出于阴门外的为阴道脱。

病因 过度努责或阴道组织松弛，体质虚弱，运动不足及剧烈腹泻均可引起本病。

病变和症状 笼底有血迹，后肢、尾部沾有血液，阴门外有呈球形红色组织（阴道）脱出，淤血、水肿。脱出时间较长时则发炎或坏死。

4. 子 宫 脱

子宫一部分翻转形成套叠，或全部翻转脱出于阴门外。常发生于产后数小时内。

病因 过度努责或阴道组织松弛，体质虚弱可引起本病。

病变和症状 脱出物很像肠管，但其表面有许多横褶。

5. 膀 胱 脱

病因 家兔受惊，剧烈努责，腹壁肌肉发生强烈收缩，腹内压增高均会引起本病。

病变和症状 见卵黄大或鸡蛋大，表面沾有血液、兔毛或污物等球形物，内充满尿液，占据阴道或突出于阴户之外。

（十八）便 秘

粪便干、小、硬、少，甚至停止排便。

1. 硬粪，浓稠的盲肠内容物，结肠粪便很干。

病因 肝球虫感染。

病变 在肝上有黄豆大小的病灶。

2. 肝功能失调

病因　脂肪肝。

病变　肝略增大、呈土黄色，小叶明显。

3. 霉菌毒素中毒

病因　饲料霉变，尤其是草粉、小麦麸霉变。

病变　盲肠内容物干燥、呈块状，黏膜菲薄有出血斑。

4. 日粮不合理、饲料不卫生

病因　缺乏青饲料、多汁饲料或缺水。饲料中混有泥沙、兔毛也可引起。

病变　结肠和直肠内充满干硬球状粪便，前部肠管积气。

5. 毛 球 病

粪便减少，甚至停止排粪。

病因　食入兔毛。

病变　胃内有毛球堵塞幽门部。

（十九）臌　胀

1. 胃 扩 张

病因　采食大量难消化、易发酵或膨胀的饲草料，如青苜蓿。

病变和症状　腹痛剧烈，触诊胃体积增大。

2. 肠 臌 气

病因　采食易发酵的饲草料。

病变和症状　腹壁紧张，腹部上方增大明显，叩诊呈鼓音。结膜发绀，呼吸困难。

3. 肠 便 秘

病因　肠运动和分泌机能紊乱。长期饲喂干饲料，饮水不足（无水或水质差等）；青饲料缺乏；饲料中混有大量土、沙等。其他发热性疾病也可引起。

病变和症状　排粪少，粪球小而硬，腹痛，触诊可摸到肠管内有串珠状坚硬的粪便。

4. 毛 球 病

病因　饲料营养不平衡，如缺乏蛋氨酸、缺镁、粗纤维不足导致家兔有食毛行为。

病变和症状　采食下降，严重者腹痛，触诊可摸到胃内或肠道内有圆形的毛球。

5. 大肠杆菌病

病原　埃希氏大肠杆菌。

病变和症状　以下痢、流涎为主。断奶前后仔幼兔多发。开始排出淡黄色胶冻样黏液或附着在粪球上，最后粪便呈水样。病理变化为胃肠炎，肠道尤其是大肠内有黏液样分泌物，小肠内含较多气体引起腹胀。

6. 魏氏梭菌病

病原　A 型产气荚膜梭菌。

病变和症状　腹围增大，触摸盲肠大且有充满水及气体之感，轻摇兔体可听到“咣、咣”的拍水声。水泻粪便有特殊腥臭味。剖检胃黏膜有出血斑点和溃疡斑点。小肠壁充血、出血，肠腔充满含气泡的稀薄内容物。盲肠浆膜有横行条纹状出血，内容物呈黑色或黑褐色水样物。

7. 盲肠、结肠秘结

病因　采食霉变饲料，霉菌毒素导致后肠消化机能紊乱，引起本病。

病变和症状　用摸胎法触摸腹内，感觉大肠内有较硬的粪结，病程拖延时间较长，患兔呈犬坐姿势，呼吸加快。最后身体衰竭导致死亡。剖检见盲肠内容物干燥或呈块状，肠壁菲薄，有的有出血斑块，盲肠蚓突内有较硬的内容物。

8. 腹腔、子宫脓肿

病因　感染葡萄球菌或巴氏杆菌，引起腹腔或子宫积有数量多或较大脓肿。

病变和症状　触摸腹腔或子宫内有一个或数个大小不等的脓

肿，压迫肿块有波动感。一般采食正常。

9. 肿　瘤

病因　原因不清。

病变和症状　触摸腹腔有一个或数个大小不等的脓块，压迫肿块质地实在。腹胀程度视肿瘤大小而定。一般无明显的消化紊乱症状。

10. 妊娠后期

原因　母兔管理不当偷配导致妊娠，后期腹围增大。

症状　触摸腹部妊娠，可分辨出胎儿头、躯干。

11. 腹　水

病因　心脏和肝脏疾病。李氏杆菌病和弓形体病所致。

病变和症状　腹部冲击触诊有击水声。腹腔穿刺有大量腹水流出。

12. 泰泽氏菌病

病原　毛样芽孢杆菌。

病变和症状　腹围增大，盲肠大并有充满水样之感。发病急，以严重的水泻和后肢沾有粪便为特征。剖检见坏死性盲肠结肠炎，回肠后段与盲结肠前段浆膜明显出血，肝坏死灶形成及坏死性心肌炎。

（二十）痉　挛

家兔表现震颤性或强直性痉挛。

1. 哺乳挛痉（产后搐搦症）

病因　血钙过少，特别是高泌乳量的母兔，钙随乳汁大量丧失，而钙供应不足。

病变和症状　在哺乳母兔中，皮肤和黏膜呈淡蓝色（发绀）。

2. 麻痹性震颤、脊髓空洞症

病因　前者属 X- 连锁隐性基因遗传性疾病，后者有家族性发生特点。

病变和症状　麻痹性震颤：一周龄左右出现震颤，全身肌肉紧张，腱反射过大。病情迅速发展严重，第4～6周时，所有的肢体发展为痉挛性麻痹，伴发排尿失禁和褥疮溃疡，死于6～7月龄。脑细胞变性，只有靠显微镜才能见到。脊髓空洞症：后肢僵硬，举止不对称，一腿痉挛性麻痹，另一肢仅轻微跛行，膀胱和内脏功能失常。褥疮的溃疡是死亡的主要原因。

3. 中　毒

病因　硝酸钾、毒杀酚、滴滴涕（DDT）、有毒植物（黄色甜三叶草、土豆芽、羽扇豆等）、食盐、有机磷、痢特灵等中毒。

病变和症状　除具有中毒性一般症状外，一般无其他特异症状，胃肠器官出血。

4. 伪狂犬病

病因　病毒感染，传染源为潜伏感染的兔群。

病变和症状　大脑中细胞浸润，神经元变性，只有镜检才能见到。

5. 狂 犬 病

病因　病毒感染。

病变和症状　神经、脑细胞胞质内形成特异性包涵体。肌肉痉挛，极度恐水。

6. 脑（脊）膜感染

病因　李氏杆菌、巴氏杆菌、兔脑炎原虫或龚地弓形体感染。

病变和症状　脑（脊）膜少量出血，有时脑内有灰白色微小病灶。

7. 破伤风（强直症）

病原　破伤风梭菌。

病变和症状　患兔不食，牙关紧闭，四肢强直，角弓反张，全身性痉挛，常急性死亡。创伤是本病的主要传播途径。

8. 球 虫 病

病原　艾美尔属的多种球虫。

病变和症状　精神不振，食欲减退或废绝，贫血，消瘦，腹胀，眼结膜苍白，腹泻。尿频或常呈排尿姿势。肝区压痛。后期可见痉挛或麻痹、头后仰、抽搐等神经症状。剖检见肝、肠特征病变。检查粪便卵囊，或用肠黏膜、肝结节内容物及胆汁做涂片，检查卵囊、裂殖体与裂殖子等。

9. 病毒性出血症

病原　兔病毒性出血症病毒。

病变和症状　病程短，死亡快。一般为倒地，全身颤抖，抽搐，尖叫而死。鼻孔流带色的泡沫鼻液。尸检以内脏器官的出血和淤血为特征。

10. 镁缺乏症

病因　饲料中镁含量不足。

病变和症状　仔兔表现过度兴奋、惊厥和生长缓慢。成兔表现为被毛粗乱、无光泽，局部脱毛，严重者过度兴奋，体重减轻，最后不吃。剖检肾、心和骨骼肌有变性。血清镁浓度低于3.2 毫克 /100 毫升。

11. 中　暑

病因　天气闷热，兔舍潮湿又通风不良，笼内饲养密度大。

病变和症状　以体温上升，呼吸困难，结膜发绀，流血样鼻液和四肢呈现间歇性震颤或抽搐为主要症状。

（二十一）尿液异常

家兔具有把饲料中多余钙通过肾脏排出体外的生理功能。经常见到的钙质沉积笼底板或地面，并可见红色尿液，这都是正常现象。尿液颜色与饮水、饲料种类有关系，服用了某些药物也会改变尿液颜色。因此，必须把病态尿和一般尿液颜色变化加以区别。

1. 膀 胱 炎

病因　感染病菌等。

病变和症状　排尿次数增加，尿中带血或血块，尿疼，有氨臭味。

2. 肾　炎

病因　细菌或病毒感染；邻近器官的炎症蔓延（如膀胱炎、尿路感染等）；毒物中毒（如松节油、砷、汞等）；过敏性反应。

病变和症状　排尿次数增加，每次排尿量减少，甚至无尿。尿液呈红棕色或带血。眼睑、胸腹或四肢末端出现水肿。

3. 肾母细胞瘤

病因　病因不详。

病变和症状　长期血尿，无疼痛感。

4. 肝脏损伤性疾病

病因　豆状囊尾蚴病、肝片吸虫病、棘球蚴病或肝硬化等引起。

病变和症状　尿呈黄褐色，剖检见肝脏有弯曲的纤维化组织，为豆状囊尾蚴病。肝脏胆管明显增粗，呈灰白色索状或结节状，突出于肝脏表面，为肝片吸虫病。在肝脏形成豌豆至核桃大的囊泡，切开流出黄色液体，切面残留圆形腔洞，囊壁较厚，内膜上有白色颗粒样头节，为棘球蚴病。肝变性，腹水增加，为肝硬化。

5. 乳糜尿　指乳白色尿，是由于脂乳浊液进入尿中，称乳糜尿。

病因　腹腔结核病、肿瘤压迫，妊娠母兔。

病变和症状　尿呈乳白色。有腹泻症状、剖检见肠道浆膜面的为结核病。

6. 脓　尿

病因　常见于泌尿道化脓性感染，脓汁混入尿中，使尿液混浊或呈脓汁样。常见疾病有肾盂肾炎、肾积脓。

病变和症状　泌尿道化脓性感染，脓汁混入尿中，使尿液混浊或呈脓汁样。剖检见肾盂肾炎、肾积脓。

二、病变诊断思路及类症鉴别

对病、死兔的尸体进行剖检，观察其器官、组织病变，是诊断疾病的常规方法。剖检过程中，有些病理变化不很明显，多数有明显或比较明显的特征性病理变化的，同时许多不同的疾病有相同或相似病理变化。本节旨在对出现相同或相似病理变化，提供能引起这些病理变化的常见疾病。值得注意的是，诊断一种疾病，需在剖检的基础上，综合临床症状、流行特点，有的还需要做实验室化验，才能做出准确的判断。

（一）多病变疾病

鉴别见表 3–1。

表 3–1　多病变疾病鉴别

疾病	病　原	临床表现	内脏器官病变
兔瘟	兔病毒性出血症病毒	突然死亡。体温升到 41℃以上，死前表现呼吸急促，兴奋，挣扎，狂奔，啃咬兔笼，全身颤抖，体温突然下降。有的尖叫几声后死亡。有的鼻孔流出泡沫状血液，肛门松弛，周围或粪球被少量淡黄色胶样物沾污	气管与肺充血、出血，心外膜、胃肠浆膜、肾、胸腺、淋巴结等组织器官均明显出血，实质器官变性，脾淤血肿大等
急性巴氏杆菌	多杀性巴氏杆菌	精神萎靡，不食，呼吸急促，体温达 41℃以上，鼻腔流出浆液性、脓性鼻液。死前体温下降，四肢抽搐。24～72 小时内死亡。有的病例不显症状而突然倒毙	全身性出血、充血和坏死变化

续表 3–1

疾病	病　原	临床表现	内脏器官病变
李氏杆菌	产单核细胞李氏杆菌	急性型：幼兔多发，精神萎靡，不食，体温升高到 40℃以上。鼻炎、结膜炎，1～2 天内死亡 亚急性与慢性型：间歇性神经症状，如全身震颤，眼球凸出，头颈偏向一侧，做转圈运动等。如侵害妊娠母兔则于产前 2～3 天阴道流出红色或棕褐色分泌物	鼻炎、化脓坏死性子宫内膜炎、单核细胞性脑炎和肝、心、肾、脾等内脏坏死灶形成。血中单核细胞增多
野兔热	土拉热弗朗西斯菌	急性型：无症状死亡。 慢性型：发生鼻炎，鼻腔流出黏性或脓性分泌物，体温升高 1～1.5℃，极度消瘦，最后衰竭而死	淋巴结、肝、脾、肾肿大与化脓坏死结节形成
沙门氏杆菌病	鼠伤寒沙门氏菌和肠炎沙门氏菌	幼兔多表现急性腹泻，粪便带有黏液，体温升高，不食，渴欲增强，很快死亡。 母兔：化脓性子宫内膜炎和流产，30 天前后流产，胎儿多发育完全。有的流产后母兔死亡	内脏充血、出血，淋巴结肿大，肠壁有灰白色结节，肝有坏死灶，脾肿大等。母兔表现化脓性子宫内膜炎和流产
弓形虫病	龚地弓形虫	急性：仔兔多发，突然不食，体温升高，呼吸加快，眼、鼻有浆液性或黏脓性分泌物，嗜睡，后期惊厥、后肢麻痹，2～9 天死亡 慢性：老龄兔多发。病程长，食欲不振，消瘦，后躯麻痹	坏死性淋巴结炎、肺炎、肝炎、脾炎、心肌炎和肠炎等变化
兔痘	兔痘病毒	痘疱型：体温升高，不食，流鼻液，淋巴结（特别是腘淋巴结和腹股沟淋巴结）、扁桃体肿大。皮肤出现痘疹，表现为红斑、丘疹、坏死和出血。有发生外生殖器炎、支气管肺炎、流产和神经症状。1～2 周死亡。 非痘疱型：多无典型痘疹变化	皮肤、口鼻黏膜及腹膜、内脏器官的痘疹病变。常见胸膜炎、肝坏死灶、脾肿大、睾丸水肿与出血以及肺和肾上腺的灰白色小结节

（二）皮下水肿、炎症

1. 链球菌病

病原 C群β型溶血性链球菌。

病变和症状 剖检见皮下组织浆液出血性炎症、卡他出血性肠炎、脾肿大等败血性病变。临床以体温升高，不食，精神沉郁，呼吸困难，间歇性下痢和死亡为特征。

2. 兔黏液瘤病

病原 黏液瘤病毒。

病变和症状 突出的病变是皮肤肿瘤和皮下显著水肿，尤其是颜面部和天然孔周围的水肿。

3. 外伤、骨折

病因 受外界机械损伤引起。

病变和症状 剖检见受伤部位或骨折部位皮下水肿、淤血。

4. 李氏杆菌病

病原 李氏杆菌。

病变和症状 皮下水肿。肝脏实质有散在或弥漫性针头大的淡黄色或灰白色坏死灶。心肌、肾、脾也有相似的病灶。

（三）胸腔、腹腔积液

1. 急性巴氏杆菌病

病原 多杀性巴氏杆菌。

病变和症状 胸、腹腔积有淡黄色积液。气管黏膜充血、出血、水肿，心外膜有出血斑点。肝变性，并有点状坏死灶。脾、淋巴结肿大和出血。肠道黏膜充血和出血。临床表现为停食，呼吸急促，体温升高，鼻腔流出浆液－脓性分泌物。死前体温下降，四肢抽搐。

2. 绿脓杆菌病

病原 绿脓假单胞菌。

病变和症状　腹腔有多量液体。脾脏肿大，呈樱桃红色。肠腔内充满血样液体。临床表现为腹泻，排褐色稀便。

3. 李氏杆菌病

病原　产单核细胞李氏杆菌。

病变和症状　胸腔、腹腔和心包有多量清朗的渗出物。急性以败血死亡为特征。

4. 兔副伤寒病

病原　鼠伤寒沙门氏菌和肠炎沙门氏菌。

病变和症状　突然死亡的病例呈败血症变化，多数内脏器官有充血和出血斑块，胸腔、腹腔内有大量浆液或纤维性渗出物。

5. 弓形虫病

病原　龚地弓形虫。

病变和症状　急性多见于仔兔，以淋巴结、脾、肝、肺和心广泛性坏死、肿大为特征，肠道高度充血，多有扁豆大小的溃疡。胸腔、腹腔有淡黄色渗出液。临床表现突然不食，体温升高，呼吸加快，眼、鼻有浆液性或黏脓性分泌物，嗜睡。后期有惊厥、后肢麻痹等症状。发病后 2～9 天死亡。

6. 氟乙酰胺中毒　氟乙酰胺又称敌蚜胺，俗称“闻到死”，是一种常用灭鼠药。

病因　家兔误食氟乙酰胺毒饵或被其污染的饲料、饮水。

病变和症状　剖检见心包腔及胸腹腔有清亮液体积聚。肝、肾等实质器官变性肿大，肺有细小出血点和气肿等。病兔精神沉郁，嗜睡，瞳孔散大，呼吸心跳加快，大小便失禁，倒地抽搐死亡。

7. 附红细胞体病

病原　附红细胞体。

病变和症状　病死兔血液稀薄，黏膜苍白，质膜黄白，腹腔积液，脾脏肿大，胸膜脂肪和肝脏黄染。

（四）咽喉、气管病变

1. 兔　瘟

病原　兔病毒性出血症病毒。

病变和症状　喉头和气管黏膜严重淤血，尤其是气管环最为明显，气管和支气管管腔内有泡沫状血液。其他器官以水肿、淤血、出血为特征。

2. 急性巴氏杆菌病

病原　多杀性巴氏杆菌。

病变和症状　精神萎靡，不食，呼吸急促，体温达41℃以上，鼻腔流出浆液性、脓性鼻液。死前体温下降，四肢抽搐。病程短的24小时内死亡，长的1～3天死亡。剖检见鼻、喉黏膜充血、出血，常水肿。除此之外，全身性表现出血、充血和坏死变化。

3. 传染性水疱性口炎

病原　为水疱性口炎病毒，属弹状病毒科水疱病毒属。

病变和症状　口腔黏膜、舌和唇黏膜有小水疱和小脓疱，水疱和脓疱破溃后形成溃烂。咽、喉头部聚集有多量泡沫样的口水，唾液腺等口腔腺体肿大发红。临床症状为大量流涎。

4. 兔　痘

病原　兔痘病毒。

病变和症状　其特征是皮肤、口鼻黏膜及腹膜、内脏器官形成痘疹。可并发支气管炎、喉炎、鼻炎和胃肠炎。

（五）肺部病变

1. 深部真菌病

病原　主要为烟曲霉，有时为黑曲霉。

病变和症状　剖检可见肺部有粟粒大的圆形结节，其中为干酪样物，周围有红晕。或在肺中形成边缘不整齐的片状坏死区。多见于仔兔，常成窝发生。表现程度不等的消瘦和呼吸困难。

2. 肺炎球菌病

病原　肺炎双球菌，革兰氏染色呈阳性。

病变和症状　成年兔、妊娠兔多发。剖检可见肺部有数量不等的脓肿和大片出血斑，或局部水肿。气管和支气管黏膜充血、出血，管腔内有粉红色黏液和纤维素性渗出物，大多数病例呈纤维素性胸膜炎和心包炎，心包与肺或与胸膜之间发生粘连。肝脏肿大，呈脂肪变性。脾脏肿大。子宫和阴道黏膜出血。

3. 巴氏杆菌病

病原　多杀性巴氏杆菌。

病变和症状　胸腔积脓，肺脓肿。临床表现鼻炎，呼吸困难。

4. 波氏杆菌病

病原　支气管败血波氏杆菌。

病变和症状　肺和肝脏脓疱。临床表现为传染性鼻炎。

5. 肺炎克雷伯氏菌病

病原　克雷伯氏菌。

病变和症状　剖检可见肺部或其他器官、皮下、肌肉有脓肿，脓液呈灰白色或白色黏稠物。青年、成年兔表现食欲减退、渐进性消瘦，幼年兔以剧烈腹泻为特征。肠道黏膜充血，腔内有多量黏稠物和少量气体。

6. 葡萄球菌病

病原　金黄色葡萄球菌。

病变和症状　肺部发生脓肿。皮下、肌肉和任何内脏器官均也可发生脓肿。一般脓肿常被结缔组织包围成囊状，手摸时感到柔软而有弹性。

（六）心脏病变

1. 心包积液、积脓、心肌出血

（1）巴氏杆菌病

病原　多杀性巴氏杆菌。

病变和症状　心包积有淡黄色液体，心肌可能有出血点。

（2）葡萄球菌病

病原　金黄色葡萄球菌，革兰氏染色呈阳性，能产生高效价的8种毒素。

病变和症状　心包积有棕褐色液体或积脓，心外膜附有纤维素性附着物。皮下、肌肉和任何内脏器官均可发生脓肿。

（3）支气管败血波氏杆菌病

病原　支气管败血波氏杆菌，是家兔上呼吸道的常在性寄生菌。

病变和症状　肺部有脓疱。胸腔积脓，肺和心包粘连并有纤维素性附着物。引起心包炎，心包内有黏稠、乳油样的脓液。有的在肝脏形成脓疱。临床症状为鼻炎、呼吸困难。哺乳仔兔一般不超过76小时即死亡。

（4）绿脓杆菌病

病原　绿脓假单胞菌。

病变和症状　肺部、胸腔、皮下、肌肉、心包或其他器官形成脓疱，脓疱内的脓液呈淡绿色或灰褐色黏稠状。肠道尤其是十二指肠、空肠黏膜出血，肠腔内充满血样液体。多数胃内也有血样液体。脾脏肿大，呈樱桃红色。临床表现采食锐减或拒食，精神委顿，呼吸困难，体温升高和血痢。出现下痢后24小时左右死亡。

（5）大肠杆菌病

病原　埃希氏大肠杆菌。

病变和症状　以下痢、流涎为主。断奶前后仔幼兔多发。开始排出淡黄色胶冻样黏液或附着在粪球上，最后粪便呈水样。病理变化为胃肠炎，肠道尤其是大肠内有黏液样分泌物，小肠内含较多气体。有些病例的肝脏、心脏有局部性的小坏死灶。

（6）结 核 病

病原　分枝杆菌。

病变和症状　剖检可见器官上有淡灰色至灰色的大小不一的坚实结节，通常存在于肺脏、脏层与脏壁胸膜、心包、支气管淋巴结、肠系膜淋巴结、肾脏和肝脏。这些结节具有干酪样中心和纤维组织包囊。

（7）兔　瘟

病原　兔病毒性出血症病毒。

病变和症状　除心肌淤血，心脏及动静脉管有凝血块外，其他以全身器官淤血、出血、水肿为主要特征。

2. 心脏表面血管呈树枝状充血

魏氏梭菌病

病原　主要为 A 型产气荚膜梭菌，少数为 E 型产气荚膜梭菌。

病变和症状　心脏表面血管怒张，呈树枝状。胃黏膜有出血斑和黑色溃疡斑，胃内充满食物或液体和气体，黏膜脱落，有的胃破裂。盲肠浆膜有鲜红出血斑，肠腔内充满稀薄的粪便和多量气体。腹泻后迅速死亡，抗生素治疗无效。

3. 心肌有灰白色条纹或坏死灶

（1）泰泽氏菌

病原　毛样芽孢杆菌。

病变和症状　剖检见坏死性盲肠结肠炎，回肠后段、与盲结肠前段浆膜明显出血。肝脏实质常有许多灰白色至灰红色坏死灶。心肌内间或有灰白色至淡黄色条纹病灶，尤其是心尖附近。临床症状以发病急、严重的水泻和后肢沾有粪便为特征。

（2）兔　瘟

病原　兔病毒性出血症病毒。

病变和症状　全身器官以淤血、出血、水肿为主要特征。少数病例心肌有灰白色坏死病灶。

（七）肝脏病变

1. 肝脏有结节、坏死灶

（1）肝球虫病

病原　艾美尔属的多种球虫。

病变和症状　可见肝脏表面和实质内有许多大小不一，形态不规则，一般不突出于表面的白色或淡黄色结节。临床表现尸体消瘦，黏膜苍白，有时有黄疸，被毛粗乱，失去光泽。

（2）沙门氏杆菌

病原　副伤寒沙门氏菌、肠炎沙门氏菌。

病变和症状　肝脏有弥漫性或散在性淡黄色针头至芝麻大的坏死灶。胆囊肿大，充满胆汁。

（3）巴氏杆菌

病原　多杀性巴氏杆菌。

病变和症状　剖检见全身性出血、充血和坏死变化。肝脏表面散在大量灰黄色坏死灶。临床表现精神萎靡、不食，呼吸急促，体温升高，鼻腔流出浆液性、脓性分泌物。

（4）野 兔 热

病原　土拉热弗朗西斯菌。

病变和症状　肝脏肿大，并有多发性坏死或粟粒状坏死灶。其他如淋巴结、肾、脾也有相似病变。

（5）李氏杆菌病

病原　李氏杆菌。

病变和症状　肝脏实质有散在或弥漫性针头大的淡黄色或灰白色坏死灶。心肌、肾、脾也有相似的病灶。淋巴结肿大或水肿。肺出血性梗死和水肿。

（6）豆状囊尾蚴

病原　豆状囊尾蚴。

病变和症状　腹腔尤其是网膜有成串绿豆至黄豆大白色半透

明的囊泡，内有一白色头节。严重病例肝脏上有不规则的突出于肝表面的淡黄色结节或呈带状。有养狗史的兔场易发生本病。

（7）肝毛细线虫病

病原　肝毛细线虫。

病变和症状　肝脏形成不规则的带状黄色条纹或斑点状结节，局部肝组织硬化。无明显症状表现。

（8）伪结核病

病原　伪结核耶尔新氏杆菌。

病变和症状　盲肠蚓突和圆小囊浆膜下发生乳脂样或干酪样粟粒大的结节，有的脾脏肿大数倍，呈紫红色，有芝麻至绿豆大的灰白色结节。肝脏布满了凸出的小结节，大小不一，结节内多为乳块状物质。临床表现为逐渐消瘦，病程缓慢，直到皮包骨头才死亡。

（9）棘球蚴病

病原　细粒棘球绦虫幼虫。

病变和症状　棘球蚴主要寄生于肝、肺实质器官，常见于肝脏，在肝脏形成豌豆至核桃大的囊泡，切开流出黄色液体，切面残留圆形腔洞，囊壁较厚，内膜上有白色颗粒样头节。表现为消瘦、黄疸、消化紊乱；棘球蚴寄生于肺时，则表现喘息和咳嗽。严重者表现腹泻，迅速死亡。

2. 肝脏有脓疱

（1）波氏杆菌病

病原　支气管败血波氏杆菌。

病变和症状　肺有大不一的脓疱。有的肝脏形成如黄豆至蚕豆大的脓疱。

（2）葡萄球菌病

病原　金黄色葡萄球菌。

病变和症状　患兔的皮下、心脏、肺、肝、脾等内脏器官以及睾丸、附睾和关节都可能形成脓肿，内脏脓肿常由结缔组织构

成包膜。

3. 肝体积缩小、硬度增加

血吸虫病

病原　日本分体吸虫。

病变和症状　剖检见肝和肠壁有灰白色或灰黄色虫卵结节。慢性病例表现肝硬化，体积缩小，硬度增加，用刀不易切开。在门静脉和肠系膜静脉可找到成虫。本病流行于南方各省。少量感染无明显症状。大量感染表现腹泻、便血、消瘦、贫血，严重病例出现腹水过多，最后死亡。

4. 肝极度肿大，小叶间质增宽（兔瘟）

病原　病毒性出血性病毒。

病变和症状　剖检见气管与肺充血、出血，心外膜、胃肠浆膜、淋巴结等组织器官均明显出血、实质器官变性，脾淤血肿大等。肝极度肿大，小叶间质增宽。青年、成年兔发病率高。

（八）脾脏病变

1. 脾有坏死性结节

（1）伪结核病

病原　伪结核耶尔新氏杆菌。

病变和症状　脾等内脏器官有粟粒状灰白色坏死结节形成。脾高度增大，上有针头大至粟粒大的坏死结节。盲肠蚓突和圆小囊壁也有同样病变。患兔表现腹泻、消瘦，经3～4周死亡。

（2）弓形虫病

病原　龚地弓形虫。

病变和症状　以淋巴结、肺、肝、脾、心肌和肠等广泛坏死为特征，上述器官肿大，有许多坏死灶。急性主要见于仔兔，表现突然不食，体温升高，呼吸加快，眼、鼻有浆液性或黏脓性分泌物，嗜睡，后期有惊厥、后肢麻痹等症状，发病后2～9天死亡。慢性多见于老龄兔，病程较长，食欲不振，消瘦，后躯麻痹。有的会突然死亡，但多数可以康复。

（3）野 兔 热

病原　土拉热弗朗西斯菌。

病变和症状　剖检见淋巴结、肝、脾、肾肿大与化脓坏死结节形成。脾脏肿大，呈深红色，表面和切面有灰白色或乳白色粟粒至豌豆大的坏死灶。

（4）李氏杆菌病

病原　李氏杆菌。

病变和症状　病理变化为鼻炎、化脓坏死性子宫内膜炎、单核细胞性脑炎，肝、心、肾、脾等内脏形成坏死灶。以突然发病死亡或表现间歇性神经症状，也可发生流产。

（5）兔　痘

病原　兔痘病毒。

病变和症状　痘疱型：剖检见皮肤、口鼻黏膜及腹膜、内脏器官的痘疹病变。非痘疱型：多无典型痘疹变化，但常见胸膜炎、肝坏死灶、脾肿大、睾丸水肿与出血以及肺和肾上腺的灰白色小结节。

2. 脾肿大、淤血或出血

（1）兔　瘟

病原　兔病毒性出血症病毒。

病变和症状　除脾淤血肿大外，其他内脏器官以水肿、淤血、出血为特征。

（2）急性巴氏杆菌病

病原　多杀性巴氏杆菌。

病变和症状　剖检见全身性出血、充血和坏死变化。脾、淋巴结肿大和出血。精神萎靡，不食，呼吸急促，体温达41℃以上，鼻腔流出浆液性、脓性鼻液。死前体温下降，四肢抽搐。病程短的24小时内死亡，长的1～3天死亡。

（3）沙门氏菌病性流产

病原　鼠伤寒沙门氏菌。

病变和症状　多数脾脏肿大1～3倍，呈暗红色。流产的患兔，子宫肿大，浆膜和黏膜充血，并伴有化脓性子宫炎。肝脏有坏死灶。肾脏有出血点。表现食欲减少或废绝，渴欲增加，体温升高，发生流产，流产的胎儿多发育完全，但形状不一，胎儿皮下水肿，皮肤呈灰褐色。有的呈木乃伊化、腐烂或液化。母兔阴道有脓性污物流出。

（4）绿脓杆菌病

病原　绿脓假单胞菌。

病变和症状　脾脏肿大，呈樱桃红色。腹腔有多量液体。肠腔内充满血样液体。临床表现为腹泻，排出褐色稀便。

（5）溶血性链球菌病

病原　溶血性链球菌。

病变和症状　皮下组织呈出血性浆液性浸润，脾脏肿大，出血性肠炎，肝和肾脂肪变性。体温升高，不食，精神沉郁，呼吸困难，间歇性下痢和死亡为特征。

（九）胃出血、溃疡

1. 兔　瘟

病原　兔病毒性出血症病毒。

病变和症状　剖检见气管与肺充血、出血，心外膜、胃肠浆膜、肾、胸腺、淋巴结等组织器官均明显出血，实质器官变性，脾淤血肿大等。

2. 急性巴氏杆菌病

病原　多杀性巴氏杆菌。

病变和症状　剖检见全身性出血、充血和坏死变化。脾、淋巴结肿大和出血。

3. 魏氏梭菌病

病原　主要为A型产气荚膜梭菌，少数为E型产气荚膜梭菌。

病变和症状　胃黏膜有出血斑和黑色溃疡斑，胃内充满食物或液体和气体，黏膜脱落，有的胃破裂。盲肠浆膜有鲜红出血斑，肠腔内充满稀薄的粪便和多量气体。腹泻后迅速死亡，抗生素治疗无效。

4. 霉菌中毒

病因　霉菌毒素中毒。

病变和症状　胃黏膜有出血斑和黑色溃疡斑。有饲喂发霉饲料史。

（十）小肠病变

1. 大肠杆菌病

病原　埃希氏大肠杆菌。

病变和症状　十二指肠充满气体及黏液状液体，多染有胆汁。空肠、回肠、盲肠充满半透明或淡黄色胶冻样液体，并混有气泡。结肠扩张，内有胶冻样液体。仔、幼兔多发，气候、饲料、环境等变化易诱发。病兔四肢发冷，磨牙，流涎。剧烈腹泻，常有大量明胶样黏液或黄色水样稀粪。

2. 绿脓杆菌病

病原　绿脓假单胞菌。

病变和症状　十二指肠、空肠黏膜出血，肠腔内充满血样液体。大多数病例胃内也有血样液体。患兔突然食量大减或拒食，精神委顿，呼吸困难，体温升高和血样下痢。

3. 球 虫 病

病原　艾美尔属的多种球虫。

病变和症状　十二指肠扩张、肥厚，黏膜发生卡他性炎症。小肠内充满气体和大量黏液，黏膜有时充血并出血。慢性病程时，肠黏膜呈淡灰色，有许多白色硬结和小化脓性、坏死性病灶。断奶至3月龄的兔多发，温暖潮湿环境多发。

（十一）大肠病变

1. 泰泽氏菌

病原　毛样芽孢杆菌。

病变和症状　回肠后段、盲肠和结肠前段的浆膜面充血，黏膜下层和浆膜下层常水肿、出血及纤维素性渗出。盲肠壁水肿增厚。盲肠和结肠腔内含有褐色水样内容物，盲肠黏膜面充血、粗糙并呈细颗粒样外观。临床症状以严重下痢、脱水和迅速死亡为特征。

2. 沙门氏杆菌

病原　副伤寒沙门氏菌、肠炎沙门氏菌。

病变和症状　小肠黏膜充血和出血，黏膜下层常水肿。空肠、回肠和盲肠黏膜有弥漫性或散在性、灰白色、粟粒大的坏死灶。临床症状以败血症和急性死亡并伴有下痢为特征。

3. 伪结核病

病原　伪结核耶尔新氏杆菌。

病变和症状　盲肠蚓突和圆小囊浆膜下发生乳脂样或干酪样粟粒大的结节，有的脾脏肿大数倍，呈紫红色，有芝麻至绿豆大的灰白色结节。临床表现逐渐消瘦，病程缓慢，直到皮包骨头才死亡。

4. 霉菌饲料中毒

病因　霉菌毒素。

病变和症状　有些病例发生盲肠秘结，黏膜菲薄，有出血斑点。肝肿大，有出血和坏死灶，肺充血、淤血。有饲喂霉变饲料史。

5. 魏氏梭菌病

病原　主要为A型产气荚膜梭菌，少数为E型产气荚膜梭菌。

病变和症状　盲肠浆膜有鲜红出血斑，肠腔内充满稀薄的粪便和多量气体。胃黏膜有出血斑和黑色溃疡斑，胃内充满食物或

液体和气体，黏膜脱落，有的胃破裂。腹泻后迅速死亡，抗生素治疗无效。

6. 大肠杆菌病

病原　埃希氏大肠杆菌。

病变和症状　盲肠黏膜极度水肿。较大日龄兔多发。腹泻时间较长。

（十二）蚓突病变

1. 伪结核病

病原　伪结核耶尔新氏杆菌。

病变和症状　剖检见盲肠蚓突、圆小囊、肠系膜淋巴结与脾等内脏器官有粟粒状灰白色坏死结节形成。主要表现腹泻、消瘦，经3～4周死亡。

2. 沙门氏杆菌病

病原　鼠伤寒沙门氏菌和肠炎沙门氏菌。

病变和症状　以败血症和急性死亡并伴有下痢为特征。幼兔多表现急性腹泻，粪便带有黏液，体温升高，不食，渴欲增强，很快死亡。剖检见内脏充血、出血，淋巴结肿大，肠壁有灰白色结节，肝有小坏死灶，脾肿大等。有些病例蚓突肿大，黏膜有弥漫性、淡灰色、粟粒大的结节，或浆膜下有弥漫性、淡黄色、大小不一、形成不规则的结节。结节内容物呈干酪样。

（十三）肾脏病变

1. 肾肿大、淤血、出血

（1）兔　瘟

病原　兔病毒性出血症病毒。

病变和症状　肾脏淤血、肿大，呈暗红色，皮质部有不规则的淤血区和灰黄色或灰白色区，肾表面呈花斑肾样。有的皮质有散在针头大红色出血点，或灰黄色或灰白色病灶。其他内脏器官

以水肿、淤血、出血为特征。

（2）沙门氏杆菌性流产

病原　鼠伤寒沙门氏菌。

病变和症状　妊娠母兔主要表现为流产。肾脏有散在针头大的出血点。母兔表现化脓性子宫内膜炎和流产。流产多发生于1个月前后，故胎儿多发育完全。妊娠母兔流产后常引起死亡，流产的胎儿多数已发育完全。如未死而康复者不易受胎。未流产的胎儿常发育不全、木乃伊化或液化。

2. 肾上脓肿

（1）支气管败血波氏杆菌病

病原　支气管败血波氏杆菌。

病变和症状　肾表面见大小不等的脓肿。肺脏有大小不等、数量不一的白色脓疱。有些肝脏可见黄豆至蚕豆大小的脓肿。患兔表现打喷嚏，鼻腔流出黏液性分泌物。病期缠绵，有的可发生死亡。

（2）成肾细胞瘤

病因　不详。

病变和症状　触诊腹部可摸到肾肿瘤。肿瘤可发生于一侧肾脏，也可见于两侧。眼观肿瘤呈圆形或结节状突出肾皮质表面，质地均匀，有包膜，切面色灰红或灰白，均匀致密，正常肾组织因肿瘤压迫而萎缩。

（3）先天性囊肿肾

病因　常染色体隐性基因（rc）遗传。

病变和症状　肾皮质部有粟粒至黄豆大的囊泡，内含透明液体为先天性囊肿。

3. 肾结节、坏死灶

（1）结 核 病

病原　分枝杆菌。

病变和症状　肺表面散在大量大小不等的结核结节，较大结节中心部发生干酪样坏死，肾表面高低不平，可见大小不等的结核结节。本病主要发生在成年兔，表现慢性消瘦和呼吸障碍。

（2）野 兔 热

病原　土拉热弗朗西斯菌。

病变和症状　剖检见淋巴结、肝、脾、肾肿大与化脓坏死结节形成。多发于春末夏初啮齿动物与吸血昆虫活动季节。有鼻炎、体温升高、消瘦、衰竭与血液白细胞增多等临诊症状。

（3）伪结核病

病原　伪结核耶尔新氏杆菌。

病变和症状　剖检见盲肠蚓突、圆小囊、肠系膜淋巴结与脾、肾等内脏器官有栗粒状灰白色坏死结节形成。患兔表现腹泻、消瘦，经3～4周死亡。

4. 肾肿大或萎缩

尿 石 症

病因　饲喂高钙日粮，饮水不足，维生素A缺乏，日粮中精料比例过大，肾及尿路感染发炎等均可引起本病。

病变和症状　肾肿大或萎缩，表面高低不平，颜色变淡，肾盂中有大小不等、不规则的石头样结石。成兔、老龄兔多发。患兔仅采食青绿、多汁饲料。有排尿困难和弓腰等症状。

5. 肾表面凹陷

脑炎原虫病

病原　兔脑炎原虫。

病变和症状　多呈隐性感染，秋冬季节多发，各年龄兔均可感染发病，常无症状，有时可见脑炎和肾炎症状，如惊厥、颤抖、斜颈、麻痹、昏迷。常出现蛋白尿及腹泻。后肢被毛常被沾污，引起局部湿疹。病兔身体平衡控制失调。可见肾表面有大量散乱的白色小点或在皮质表面有灰色小凹陷。如肾脏受害严重，则体积缩小，质地坚硬，外观呈颗粒状。肉芽肿、非化脓性脑炎是本病的特征性病变。

（十四）子宫病变

1. 子宫积脓

（1）巴氏杆菌病

病原　多杀性巴氏杆菌。

病变和症状　子宫扩张，子宫壁变薄，黏膜充血，内有黏稠的奶油样脓性分泌物。多伴有肺部脓肿等表现。外部无明显症状或有鼻炎、结膜炎等症状。有的表现长期屡配不孕，并有脓性白色分泌物从阴道流出。

（2）葡萄球菌病

病原　金黄色葡萄球菌。

病变和症状　葡萄球菌除引起子宫积脓外，还可引起各种器官脓肿。一般脓肿常被结缔组织包围形成囊状，手摸时感到柔软而有弹性。

（3）布鲁氏菌病

病原　流产布鲁氏菌或马耳他布鲁氏菌。

病变和症状　剖检肝脏、脾脏、肺脏及腋淋巴结出现脓肿。母兔子宫内蓄脓，黏膜溃疡或坏死。临床表现为流产、子宫炎，从阴道内流出大量分泌物，甚至脓性或血样分泌物。体温升高。公兔的附睾和睾丸肿胀。有时会出现脊椎炎，造成后肢麻痹。

2. 子宫内有死亡胎儿

（1）沙门氏菌病

病原　鼠伤寒沙门氏菌。

病变和症状　子宫内有木乃伊化或液化的胎儿。阴道黏膜充血，腔内有脓性分泌物。

（2）李氏杆菌病

病原　产单核细胞李氏杆菌。

病变和症状　子宫内积有化脓性渗出物或暗红色液体。死亡的母兔，子宫内有变性胎儿存在或灰白色凝乳块状物。可见坏死性肝炎和心肌炎。

（十五）睾丸病变

1. 巴氏杆菌病

病原　多杀性巴氏杆菌。

病变和症状　一侧或两侧睾丸肿大，质地坚硬，有的伴有脓肿。

2. 兔密螺旋体病

病原　兔梅毒密螺旋体。

病变和症状　公兔阴囊水肿，皮肤呈糠麸样。阴茎水肿，龟头肿大。睾丸也会发生病变。

3. 类 鼻 疽

病原　伪鼻疽单胞菌。

病变和症状　睾丸红肿、发热。睾丸和附睾组织有干酪样坏死区域。伴有颈部和腋窝淋巴结肿大。临床表现鼻黏膜潮红，鼻腔内流出大量分泌物，眼角出现浆液性或脓性分泌物。病兔表现体温升高，呼吸急促。有的甚至窒息死亡。

4. 布鲁氏菌病

病原　流产布鲁氏菌或马耳他布鲁氏菌，为革兰氏阴性菌。

病变和症状　公兔附睾和睾丸肿胀。体温升高。有时会出现脊椎炎，造成后肢麻痹。

（十六）膀胱病变

1. 球 虫 病

病原　艾美尔属的多种球虫。

病变和症状　除肝、肠有特征病变外，膀胱扩张，充满尿液。

2. 魏氏梭菌病

病原　A 型产气荚膜梭菌。

病变和症状　剖检胃充满食物或水和气体，黏膜有出血斑

点和溃疡斑点。小肠壁充血、出血，肠腔充满含气泡的稀薄内容物。盲肠浆膜有横行条纹状出血，内容物呈黑色或黑褐色水样物。膀胱积有蓝色或茶色尿液。

3. 脑炎原虫病

病原　脑炎原虫。

病变和症状　出现蛋白尿。剖检见肾表面有小白点或大小不等的凹陷状病灶。病变严重时，肾表面呈颗粒状或高低不平。

（十七）脑部病变

1. 兔　瘟

病原　兔病毒性出血症病毒。

病变和症状　脑和脑膜血管淤血，有神经症状的兔更显著。松果体部和脑下垂体部有凝血块。其他器官淤血、出血、水肿为特征。

2. 李氏杆菌病

病原　李氏杆菌。

病变和症状　有神经症状的病例，脑膜和脑组织充血或水肿。

3. 脑炎原虫病

病原　兔脑炎原虫。

病变和症状　肾脏病变、肉芽肿性脑炎、非化脓性脑炎是本病的特征病变。通常呈慢性或隐性感染，常无症状，有时可发病，秋冬季节多发，各年龄兔均可感染发病，见脑炎和肾炎症状，如惊厥，颤抖，斜颈，麻痹，昏迷，平衡失调，蛋白尿及腹泻等。

（十八）淋巴结病变

1. 野 兔 热

病原　土拉热弗朗西斯菌。

病变和症状　淋巴结（颌下、颈下、腋下和鼠蹊）肿胀发

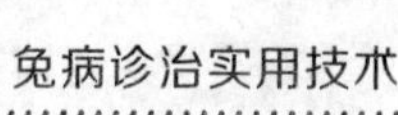

硬，鼻腔发炎。解剖淋巴结显著肿大，呈红色，可能有针尖大的灰白色干酪样的坏死点。临床表现高度消瘦和衰竭，体温升高。

2. 坏死杆菌病

病原　坏死梭杆菌。

病变和症状　淋巴结尤其是颌下淋巴结肿大，并有干酪样坏死灶。

3. 兔　痘

病原　兔痘病毒。

病变和症状　早期淋巴结尤其是腘淋巴结和腹股沟淋巴结肿大并变硬。临床表现为腹泻及一侧或两侧眼睑炎。

4. 伪结核病

病原　伪结核耶尔新氏杆菌。

病变和症状　剖检见盲肠蚓突、圆小囊、肠系膜淋巴结与脾等内脏器官有粟粒状灰白色坏死结节形成。主要表现腹泻、消瘦，经3～4周死亡。

5. 结 核 病

病原　分枝杆菌。

病变和症状　剖检见支气管、肠系膜、纵隔、圆小囊等淋巴结、肺等脏器有结核结节形成，结节常发生干酪样坏死。病初常无明显症状，随疾病发展，出现咳嗽，喘气，呼吸困难，消瘦等症状。

6. 李氏杆菌病

病原　李氏杆菌。

病变和症状　病理变化为鼻炎、化脓坏死性子宫内膜炎、单核细胞性脑炎和肝、心、肾、脾等内脏坏死灶形成。淋巴结尤其是肠系膜淋巴结和颈部淋巴结肿大或水肿。

7. 布鲁氏病

病原　流产布鲁氏菌或马耳他布鲁氏菌。

病变和症状　剖检肝脏、脾脏、肺脏及腋淋巴结出现脓肿。

母兔子宫内蓄脓，黏膜溃疡或坏死。临床表现为流产、子宫炎。

8. 类 鼻 疽

病原　伪鼻疽单胞菌。

病变和症状　淋巴结特别是颈部和腋窝淋巴结内有干酪样的小结节。鼻黏膜处形成结节，结节可能溃疡。肺脏出现结节或弥漫性斑点。腹腔、胸腔的浆膜上有许多点状坏死灶。睾丸和附睾组织有干酪样坏死区域。临床表现为鼻腔内流出大量分泌物，鼻黏膜潮红。眼角出现浆液性或脓性分泌物。呼吸急促甚至窒息死亡。体温升高。颈部和腋窝淋巴结肿大。公兔睾丸红肿、发热，有的母兔出现子宫内膜炎的症状或造成妊娠母兔流产。

（十九）血凝不良

1. 氢氰酸中毒

病因　采食了高粱、玉米、豆类、木薯等的幼苗或再生苗，或桃、杏、李叶及其核仁。食入被氰化物污染的饲料或饮水。

病变和症状　剖检见血液鲜红，凝固不良。尸僵不全，尸体鲜红，不易腐败。胃内容物有苦杏仁味。胃肠黏膜充血、出血，肺充血、水肿等。发病急，病初兴奋不安，流涎，呕吐，腹痛，胀气和下痢等。行走摇摆，呼吸困难，结膜鲜红，瞳孔散大。心力衰竭，倒地抽搐而死。

2. 硝酸盐和亚硝酸盐中毒

病因　家兔采食堆集发热的青饲料、蔬菜或饲料中硝酸盐含量过高而引起发病。

病变和症状　剖检见内脏器官黑暗，血液呈酱油色，不凝固。呼吸困难，口流白沫，磨牙，腹痛，可视黏膜发绀，迅速死亡。

3. 敌鼠中毒

病因　由于误食了被敌鼠污染的饲料、饮水引起。在兔舍任意放置毒饵而未加强管理可造成家兔误食。

病变和症状　剖检见全身组织器官明显淤血、出血和渗出，

故色暗红、有出血点，体腔有液体渗出，血液凝固不良。精神不振，不食，呕吐，出现出血性素质，如鼻、齿龈出血，血便血尿，皮肤紫癜，伴有关节肿大，跛行，腹痛，后期呼吸高度困难，黏膜发绀，窒息死亡。

4. 兔 炭 疽

病原　炭疽杆菌。

病变和症状　病死兔尸僵不全，颈、胸、腹及臀部水肿，切开水肿部流出微黄色白色胶冻样水肿液，血液凝固不良，呈煤焦油状，有时可见天然孔出血。器官严重出血。心肌松软，心尖有出血点，心血呈酱油色。肝充血、肿大。胆囊肿大，充满黏稠胆汁。

（二十）肌肉灰白色病变

1. 维生素 E 缺乏症

病因　饲料中维生素 E 含量不足。饲料中含过量不饱和脂肪酸（如猪油、豆油等），酸败产生过氧化物，促进维生素 E 的氧化。兔患肝脏疾病如球虫病时，维生素 E 贮存减少，利用和破坏反而增加。

病变和症状　剖检见骨骼肌、心肌颜色变淡或苍白。患兔表现强直、进行性肌肉无力。不爱运动，喜卧地，运动障碍，步样不稳，食欲减退甚至废绝。幼兔生长发育停滞。母兔受胎率降低，发生流产或死胎。公兔睾丸损伤，精子产生减少。

2. 胆碱缺乏症状

病因　蛋白质缺乏或质量较差导致本病。

病变和症状　剖检见脂肪肝和肝硬化，腿肌萎缩，呈灰白色。表现增重缓慢，中度贫血，有的引起死亡。慢性缺乏的发生进行性肌营养不良、肌无力。

（二十一）黄　染

1. 脂肪、肌肉、肾盂黄染

（1）肝片吸虫病

病原　肝片吸虫。

病变和症状　剖检见肝脏胆管明显增粗，呈灰白色索状或结节状，突出于肝脏表面。严重感染时，可导致肝硬化，甚至会造成阻塞性黄疸，背部、臀部深部肌肉和肾盂黄染。

（2）肝球虫病

病原　艾美尔属的多种球虫。

病变和症状　尸体消瘦，黏膜苍白，有时有黄疸，被毛粗乱，失去光泽。剖检可见肝脏表面和实质内有许多白色或淡黄色结节，沿小胆管分布。严重感染的可引起肌肉和肾盂黄染。

2. 仅脂肪黄染

黄 脂 症

病因　具有遗传性。

病变和症状　黄脂纯合子（y/y）家兔的肝脏缺乏一种叶黄素代谢所必需的酶，所以饲料中胡萝卜素类色素群在体内不断贮藏，造成黄脂。解剖仅见脂肪为黄色，颜色从淡黄到橘黄。颜色深浅与饲料中胡萝卜素类色素群含量不同所致。

（二十二）骨骼病变

1. 放线菌病

病原　牛放线菌。

病变和症状　本菌可侵袭下颌骨、鼻骨、足、附关节、腰椎骨，造成骨髓炎。周围软组织也形成化脓性炎症。下颌骨或其他部位骨骼肿胀，采食困难。

2. 野 兔 热

病原　土拉热弗朗西斯菌。

病变和症状　剖检见淋巴结、肝、脾、肾肿大与化脓坏死结节形成。有的骨髓出现局部坏死灶。

（二十三）脓肿病灶、肿块

1. 葡萄球菌病

病原　金黄色葡萄球菌。

病变和症状　皮下、肌肉和任何内脏器官均可发生脓肿。一般脓肿常被结缔组织包围形成囊状，手摸时感到柔软而有弹性。

2. 巴氏杆菌病

病原　多杀性巴氏杆菌。

病变和症状　巴氏杆菌也可引起脓灶，但比例较少，主要部位肺部和胸腔，表现为胸腔积脓，肺脓肿。临床表现鼻炎。

3. 波氏杆菌病

病原　支气管败血波氏杆菌。

病变和症状　主要病变为肺和肝脏脓疱，肾偶发，其他器官很少。临床表现为传染性鼻炎。

4. 绿脓杆菌病

病原　绿脓假单胞菌。

病变和症状　可见皮下、内脏等部的脓肿或化脓性炎症，脓灶包膜及脓液呈黄绿色、蓝绿色或棕色，有特殊气味。伴有出血性肠炎。临床表现为腹泻，排褐色稀便。

5. 坏死杆菌病

病原　坏死杆菌。

病变和症状　有些病例有多处皮下脓肿，内含黏稠的化脓性干酪样物质。多数在口腔黏膜、齿龈、舌面、颈部和胸前皮下、肌肉坏死。淋巴结尤其是颌下淋巴结肿大，并有干酪样坏死病灶。坏死组织具有特殊臭味。

6. 肺炎克雷伯氏菌病

病原　克雷伯氏菌。

病变和症状　剖检可见肺部或其他器官、皮下、肌肉有脓肿，脓液呈灰白色或白色黏稠物。青年、成年兔表现食欲减退、渐进性消瘦，被毛粗乱，行动迟钝。幼年兔以剧烈腹泻为特征。肠道黏膜充血，腔内有多量黏稠物和少量气体。

7. 棒状杆菌病

病原　鼠棒状杆菌和化脓鼠棒状杆菌。

病变和症状　剖检见肺部和肾脏有小脓肿病灶。有些在皮下也有脓肿病灶。切开脓肿后流出淡黄色干酪样脓液。无明显临床表现，发现逐渐消瘦时，已感染数月。一般为散发。

8. 放线菌病

病原　主要是牛放线菌。

病变和症状　本菌可侵袭下颌骨、鼻骨、足、附关节、腰椎骨，造成骨髓炎。病变部位的软组织出现炎症，肿胀、甚至脓肿或囊肿，随后结缔组织内出现增生形成致密的肿瘤样团块。脓肿的脓汁无特殊的臭味、黏液样。脓汁内含干酪样颗粒，称为“硫黄颗粒”，手捏有沙粒样感觉。

9. 连续多头蚴病

病原　连续多头蚴。

病变和症状　多数虫体包囊寄生于皮下，或肌间结缔组织，其直径可达 40～50 毫米，有的可达网球大小，呈现相对自由活动的软肿特征。

10. 肿瘤病（子宫腺癌、成肾细胞瘤、淋巴肉瘤）

病因　不详，或与遗传等多种因素有关。

病变和症状

子宫腺癌：剖检见子宫黏膜有一个或数个大小不等的肿瘤。瘤体多呈圆形，色淡红或灰红，质地坚实，后期在肺、肾等其他脏器可见转移性的肿瘤。

成肾细胞瘤：肿瘤发生于一侧肾脏，也可见于两侧，呈圆形或结节状突出于肾皮质表面，质地均匀，有包膜，切面色灰红或灰白，均匀致密。

淋巴肉瘤：多处淋巴结肿大、色灰白，消化道的淋巴滤泡和淋巴结明显肿大。脾肿大，切面有灰白色颗粒状结节。肾肿大，表面常有白色斑块和隆起，从切面可见这些病变主要位于皮质。肝肿大，表面有灰白色区和结节。胃、扁桃体、卵巢、子宫、肾上腺也常出现肿瘤性病变。

（任克良）

第四章

兔病治疗技术

家兔发生疾病后，经过各种诊断方法确诊后，或在尚未完全确诊之前，认为有必要进行治疗的，应及早进行治疗。饲养、兽医人员有必要了解和掌握家兔保定方法、常用药物适应证及给药方法等知识和技能。

一、保定方法

在给家兔用药、进行健康检查、诊断和其他操作时，都必须对家兔实施保定，目的是防止或减少动物骚动，控制其自卫能力，并使其保持一定的体位姿势。保定方法不当极易造成人员或兔体的伤害，因此必须熟练掌握家兔常用的保定方法。

（一）徒手保定

方法一：一手连同两耳将颈肩部皮肤大把抓起，另一手托起或抓住臀部皮肤和尾部即可（图 4–1），并可使腹部向上，适合于眼、腹、乳房、四肢等疾病的诊治。

方法二：保定者抓住兔的颈部被侧背部皮肤，将其放在检查台上或桌子上，两手抱住兔头，拇指、食指固定住耳根部，其余三指压住前肢，即可达到保定的目的（图 4–2）。适用于静脉注射、采血等操作。

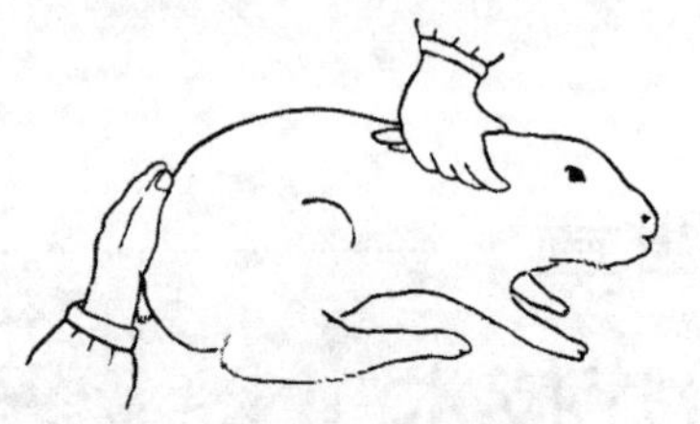

图 4–1　家兔徒手保定法一

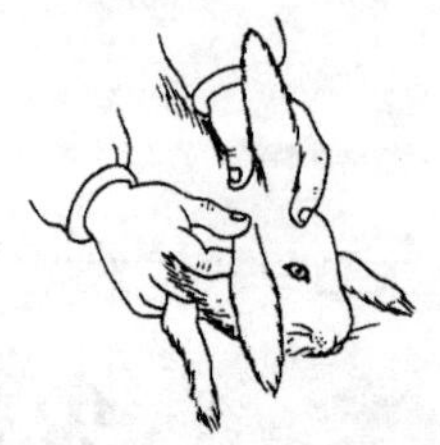

图 4–2　家兔徒手保定法二

（二）手术台保定

将兔四肢分开，仰卧于手术台上，然后分别固定头和四肢（图 4–3）。适用于兔的阉割术、乳房疾病治疗和剖腹产等腹部手术。

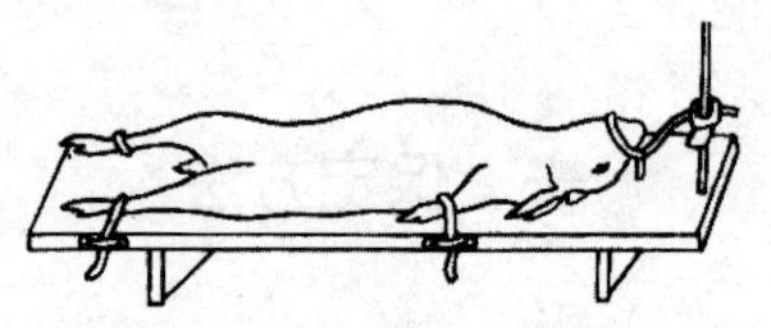

图 4–3　兔的手术台保定

（三）保定盒、保定箱保定

保定盒保定：保定时，后盖启开，将兔头向内放入，待兔头从前端内套中伸出后，调节内套使之正好卡住兔头不能缩回筒内为宜，装好后盖（图 4–4）。

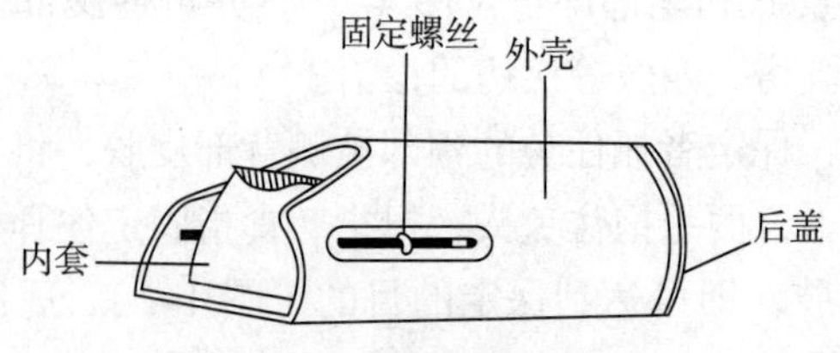

图 4–4　兔固定盒结构

保定箱保定：保定箱分箱体和箱盖两部分，箱盖上挖有一个半月形缺口，将兔放入箱内，拉出兔头，盖上箱盖，使兔头卡在箱外（图 4–5）。

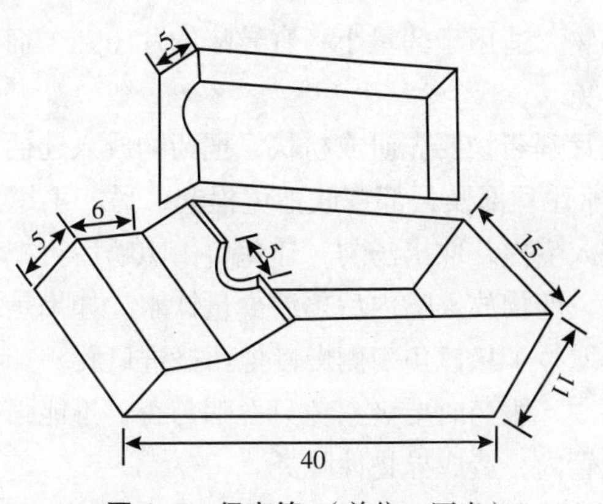

图 4–5　保定箱（单位：厘米）

此法适用于治疗头部疾病、耳静脉输液、灌药等。

（四）化学保定法

主要是应用镇静剂和肌松剂，如静颂灵、戊巴比妥钠等使家兔安静，无力挣扎，剂量按说明使用。

二、兔病治疗方法

（一）给药方法

1. 口服给药

（1）自由采食法

适用药物　适用于毒性小、适口性好、无不良异味的药物，或兔患病较轻、尚有食欲或饮欲时。

方法　把药混于饲料或饮水中。饮水中药物应易溶于水。

注意事项　药物必须均匀地混于饲料或饮水中。本法多用于大群预防性给药或驱虫。

（2）灌 服 法

适用药物　适用于药量小、有异味的片（丸）剂药物，或食欲废绝的病兔。

方法　片剂药物要先研成粉状，把药物放入匙柄内（汤匙倒执），一手抓住耳部及颈部皮肤把兔提起，另一手用汤勺从一侧口角把药放入嘴内，取出汤勺，让兔自由咀嚼后再把兔放下。如果药量较多，药物放入嘴内后再灌少量饮水。如果是水剂可用注射器（针头取掉）从口角一侧慢慢把药挤进口腔。

注意事项　服药时要观察兔只吞咽与否，不能强行灌服，否则易灌入气管内，造成异物性肺炎。

（3）胃管给服法

适用药物　一些有异味、毒性较大的药品或病兔拒食时采用此法。

方法　由助手保定兔并固定好头部，用开口器（木或竹制，长 10 厘米，宽 1.8～2.2 厘米，厚 0.5 厘米，正中开一比胃管稍大的小圆孔，直径约 0.6 厘米）使口腔张开，然后将胃管（或人用导尿管）涂上润滑油，经胃管穿过开口器上的小孔，缓缓向口腔咽部插入（图 4–6）。当兔有吞咽动作时，趁其吞咽，及时把

图 4–6　胃管给服法

导管插入食管，并继续插入胃内。

注意事项　插入正确时，兔不挣扎，无呼吸困难表现；或者将导管一端插入水中，未见气泡出现，即表明导管已插入胃内，此时将药液灌入。如误入气管，则应迅速拔出重插，否则会造成异物性肺炎。

2. 注射给药

（1）皮下注射

适用药物　主要用于疫苗注射和无刺激性或刺激性较小的药物。

部位　多在耳部后颈部皮肤处。

方法　注射部位用70%乙醇棉球消毒。用左手拇指和食指捏起皮肤，使之成皱褶。右手持针斜向将针头刺入，缓缓注入药液。注射结束后将针头拔出，用乙醇棉球按压消毒。

注意事项　宜用短针头，以防刺入肌肉内。如果注射正确，可见局部隆起。

（2）肌内注射

适用药物　适于多种药物，但不适用于强刺激性药物（如氯化钙等）。

部位　多可选在臀肌和大腿部肌肉。

方法　注射部位用70%酒精棉球消毒。把针头刺入肌肉内，回抽无回血后，缓缓注入药物。拔出针头，用乙醇棉球按压消毒。

注意事项　一定要保定好兔，防止其乱动，以免针头在肌肉内移动伤及大血管、神经和骨骼。

（3）静脉注射

适用药物　刺激性强、不宜做皮下或肌内注射的药物，或多用于病情严重时的补液。

部位　一般在耳静脉进行。

方法　先把刺入部位毛拔掉，用70%酒精棉球消毒，静脉不明显时，可用手指弹击耳壳数下或用酒精反复涂搽刺激静脉处

皮肤，直至静脉充血怒张，立即用左手拇指与无名指及小指相对，捏住耳尖部，针头沿着耳静脉刺入，缓缓注射药物。拔出针头，用乙醇棉球按压注射部位 1～2 分钟，以免流血。

注意事项　一定要排净注射器内的气泡，否则兔会因栓塞而死。第一次注射先从耳尖的静脉部开始，以免影响以后刺针；油类药剂不能静注；注射钙剂要缓慢；药量多时要加温。

（4）腹腔内注射

适用情况　多在静脉注射困难或家兔心力衰竭进时选用。

部位　部位选在脐后部腹底壁、偏腹中线左侧 3 毫米处。

方法　剪毛后消毒，抬高家兔后躯，对着脊柱方向，针头呈 60° 刺入腹腔，回抽活塞不见气泡、液体、血液和肠内容物后注药。刺针不宜过深，以免伤及内脏。怀疑肝、肾或脾肿大时，要特别小心。

注意事项　注射最好是在兔胃、膀胱空虚时进行。一次补液量为 50～300 毫升，但药液不能有较强刺激性。针头长度一般以 2.5 厘米为宜。药液温度应与兔体温相近。

3. 灌 肠 术

适用情况　发生便秘、毛球病等，有时口服给药效果不好，可选用灌肠。

方法　一人将兔蹲卧在桌上保定，提起尾巴，露出肛门，另一人将橡皮管或人用导尿管涂上凡士林或液体石蜡后，将导管缓缓自肛门插入，深度 7～10 厘米。最后将盛有药液的注射器与导管连接，即可灌注药液。灌注后使导管在肛门内停留 3 分钟左右，然后拔出。

注意事项　药液温度应接近兔体温。

4. 局部给药

（1）点眼　适用于结膜炎症，可将药液滴入眼结膜囊内。如为眼膏，则将药物挤入囊内。眼药水滴入后不要立即松开右手，否则药液会被挤压并经鼻泪管开口而流失。点眼的次数一般每隔

2～4 小时 1 次。

（2）**涂搽**　用药物的溶液剂和软膏剂涂在皮肤或黏膜上，主要用于皮肤、黏膜的感染及疥癣、毛癣菌等治疗。

（3）**洗涤**　用药物的溶液冲洗皮肤和黏膜，以治疗局部的创伤，感染。如结膜炎、鼻腔及口腔黏膜的冲洗、皮肤化脓创的冲洗等。常用的有生理盐水和 0.1% 高锰酸钾溶液等。

（二）用药剂量和用药原则

1. 用药剂量　家兔常用药物的剂量参见本章“表 4-1　家兔常用化学药物规格、用法剂量及适应证”。对一些新药可参考以下计算方法确定用药剂量。

兔病用药与人病用药有许多相似之处，确定家兔药物用量时和人病用药一样，一般按体重计算。家兔体重是人体重的 1/20，理论上说用药量也应该是人用药量的 1/20，但家兔是草食动物，实际上口服药物的剂量应适当大一些。如果以成年人用药量为 1，则家兔口服药量为 1/6～1/3。同一药物因投药方法不同，药物被吸收的速度也不同，因此应该用不同的剂量。如果以口服为标准，各种投药方法的剂量比例是，口服为 1，灌肠为 1.5，皮下注射为 1/3～1/2，肌内注射为 1/4～1/3，静脉注射为 1/4。

2. 病兔用药基本原则

（1）**宜早不宜迟**　家兔属小型动物，对多数疾病的耐受能力较差，发病后一般病程较短，死亡较急。一般由细菌或病毒所致的疾病，在出现症状后 4 小时内用药治疗的治愈率要比超过 4 小时之后投药施治的治愈率高出 2 倍以上。给药延迟，即便是最终治愈的病兔，除了较多使用药品、加大治疗费用开支外，对其愈后生产性能的恢复或发挥往往产生较多不良影响。因此，兽医人员日常要及时了解群体和个体健康水平，一旦发现家兔患病，及时诊断，及早用药。

（2）**宜足不宜少**　家兔疾病治疗时用药的剂量对疗效关系

重大。一般应按正常治疗量的上限用药，不要取下限，特别是首次用药时，某些药物如磺胺类药物，往往还要加量。如若用药量不足，不但杀抑不了病源因子、控制不了病情，往往还会促使一些病原体或病兔机体产生抗药性或耐药性，给进一步治疗造成困难。足量用药（应注意不是过量用药），不但可以提高疗效、缩短疗程、少用药物、少开支，而且对病兔愈后有利。但要注意用药量过大，有时可能引起中毒，造成不良后果和药物浪费，应当避免。

（3）**宜速不宜缓**　不同剂型、不同给药方式，药物在体内发生作用的快慢和持续时间不同。凡用于治疗的药物，应争取使其尽快产生治疗作用。在不违背药物使用禁忌的情况下，应首先选用对兔产生作用最快的剂型和用药方法。

（4）**宜复不宜单**　即宜用复合制剂或联合用药，而不主张单独使用某一种药物。一种药物一般很难同时具备多种功效，即使某些药物同时具有多种作用，但在治疗某种疾病时并非都起治疗作用，而可能成为副作用。因此，在治疗病兔时提倡复方配伍用药。药物经复方配伍使用后，因各种药物之间的相互补充和制约，从而产生协同作用或拮抗作用，不但能加强疗效，有时不能避免某些药物的毒副作用。另外，不同的给药方式也可同时采用，这样使药物作用发挥快慢结合，持续作用，有利于疾病的治疗，有时也是配伍用药所必需的。

（5）**宜温不宜凉**　兔的体格较小，体内热平衡的调节能力较差，容易受到外界因素的影响。给病兔用药每只每次用药量超过5毫升时，一般应将药液预热至接近体温（38℃左右），尤其是在冬季注射给药时，或是对幼小仔兔用药时，更应注意。

（6）**以料代药**　俗话说：“药补不如食补”、“是药三分毒”。因此，对一些症状轻微的病兔，能以食物代替药物进行防治的就不要随便使用药物，以避免药物的毒副作用和因滥用药物而造成的药害。

三、家兔常用药物

家兔常用药物分为化学药物和生物制品两大类。

（一）化学药物

家兔常用化学药物规格、用法剂量及适应证见表 4–1。

表 4–1　家兔常用化学药物规格、用法剂量及适应证

药物名称	制剂规格	用法及剂量	防治疾病
青霉素 G 钾盐	粉针：20 万单位 / 支；40 万单位 / 支；80 万单位 / 支	用注射用水或生理盐水溶解，肌注，2 万～4 万单位 / 千克体重，每天 2～3 次	葡萄球菌病、乳房炎、子宫炎、李氏杆菌病、呼吸道炎症及梅毒病等
氨苄青霉素钠	粉针：0.5 克 / 支	用注射用水或生理盐水溶解，肌注，2～5 毫克 / 千克体重	巴氏杆菌病、伪结核病、野兔热、黏液性肠炎等
硫酸链霉素	粉针：0.5 克 / 瓶；1 克 / 瓶	肌注，20 毫克 / 千克体重，每天 2 次	传染性鼻炎、巴氏杆菌病、大肠杆菌病等
硫酸卡那霉素	水针：0.5 克 / 瓶	肌注，10～20 毫克 / 千克体重，每天 2 次	巴氏杆菌病、波氏杆菌病、大肠杆菌病、沙门氏菌病等
硫酸庆大霉素	水针：4 万单位 / 毫升；8 万单位 /2 毫升	肌注，0.3 万～0.5 万单位 / 千克体重	巴氏杆菌病、沙门氏菌病、波氏杆菌病、葡萄球菌病、大肠杆菌病等
盐酸四环素	粉针：0.25 克 / 支	用 5% 葡萄糖溶解静脉注射，40 毫克 / 千克体重，每天 1 次	大肠杆菌病、沙门氏菌病、巴氏杆菌病等
盐酸土霉素（氧四环素）	片剂：0.25 克 / 片	内服，100～200 毫克 / 只，每天 2～3 次静脉或肌内注射	大肠杆菌病、沙门氏杆菌病、巴氏杆菌病等
	粉针：0.2 克 / 支	40 毫克 / 千克体重	

续表 4-1

药物名称	制剂规格	用法及剂量	防治疾病
强力霉素（脱氧土霉素）	片剂：0.1 克 / 片	内服，3～5 毫克 / 千克体重	葡萄球菌病、波氏杆菌病、沙门氏菌病、大肠杆菌病等
	粉针：0.1 克 / 支，0.2 克 / 支	静脉注射，2～4 毫克 / 千克体重	
盐酸金霉素	片剂：0.25 克 / 片	内服 0.1～0.2 克 / 只，2～3 次 / 天	大肠杆菌病、沙门氏菌病、巴氏杆菌病等
	粉针：0.25 克 / 支	用5%葡萄糖液溶解，静注 40 毫克 / 千克体重	
	眼膏	涂敷眼部或患部	
新胂凡纳明（914）	粉剂：0.15 克 / 支；0.3克/支；0.45克，0.6 克 / 支	用灭菌生理菌水或 5%葡萄糖液制成 5%溶液，耳静脉注射，40～60 毫克 / 千克体重，若配合应用青霉素 G 效果更好。注意事项：性质不稳定，溶解过程中禁止用力振荡，应缓缓注入静脉里，防止漏出血管外	兔螺旋体病、附红细胞体病
磺胺嘧啶（SD）	片剂：0.5 克	内服，每天 2 次，首次用量 0.2～0.3 克 / 千克体重，维持量 0.1～0.5 克 / 千克体重。使用磺胺类药应遵循下列原则：①严格掌握适应证。对病毒性疾病不宜应用。②掌握剂量及疗程，首次使用应加倍量，然后间隔一定时间给予维持量，疗程要充足，等急性感染症状消失后，继续用药 2～4 天。③肝脏病、肾功能减退、全身酸中毒应慎用或禁用。	巴氏杆菌病、沙门氏菌病、伪结核病、波氏杆菌病、大肠杆菌病、李氏杆菌病、葡萄球菌病、魏氏梭菌病、野兔热等

续表 4-1

药物名称	制剂规格	用法及剂量	防治疾病
磺胺嘧啶（SD）	片剂：0.5 克	④急重病例应选用针剂。⑤用药期间充分供水，必要时灌水，以增加尿量，促进排出。⑥加等量碳酸氢钠，以防析出结晶损害肾脏。⑦忌与酸性药物和含氨苯甲酰基药物（如普鲁卡因、丁卡因等）合用。⑧磺胺药只有抑菌作用，治疗期间，须加强家兔饲养管理。不同的磺胺药对病原体的抑制作用有差异，一般抗菌作用依次为：SMM>SMZ>SIZ>SD>SDM>SMD>SM2>SDM'>SN	巴氏杆菌病、沙门氏菌病、伪结核病、波氏杆菌病、大肠杆菌病、李氏杆菌病、葡萄球菌病、魏氏梭菌病、野兔热等
磺胺嘧啶钠注射液	针剂：0.4 克 /2 毫升，1 克 /5 毫升	肌内或静脉注射，0.05 克 / 千克体重	同上
磺胺噻唑（ST）	片剂：0.5 克 / 片，1 克 / 片	内服，每天 3 次，首次用量 0.15～0.2 克 / 千克体重，维持量 0.07～0.11 克 / 千克体重	同上
磺胺二甲嘧啶（SM2）	片剂：0.5 克 / 片	内服，每天 3 次，首次用量 0.15～0.2 克 / 千克体重，维持量 0.07～0.11 克 / 千克体重	同上
	水针：0.5 克 /5 毫升；1 克 /10 毫升	肌注或静注，每天 2 次，首次量 0.1～0.15 克 / 千克体重，维持量 0.05～0.07 克 / 千克体重	
磺胺甲基异噁唑（新诺明，新明磺，SMZ）	片剂：0.5 克 / 片	内服，每天 2 次，首次 0.1 克 / 千克体重，维持量 0.05 克 / 千克体重	同上

续表 4–1

药物名称	制剂规格	用法及剂量	防治疾病
复方磺胺甲基异噁唑（复方新诺明片）	片剂：每片含 TMP 0.08 克+SMZ 0.4 克	内服，每天 2 次，30 毫克 / 千克体重	同上
	针剂：每毫升含 TMP 1 克 ＋SMZ 0.2 克	静注或肌注，每天 1 次，10～20 毫升 / 千克体重	
磺胺间甲氧嘧啶（长效磺胺 C，制菌磺，SMM）	片剂：0.5 克 / 片	内服或拌料每天 1 次，0.07 克 / 千克体重	同上
	针剂：1 克 /10 毫升	静注或肌注，每天 1 次，0.07 克 / 千克体重，同类药中抗菌作用最强，对球虫也有较好作用	
复方磺胺间甲氧嘧啶	片剂：每片含 TMP 0.1 克＋SMM0.5 克	内服，每天 1 次，30 毫升 / 千克体重	同上
磺胺对甲氧嘧啶（磺胺 –5– 甲氧嘧啶，长效磺胺 D，消炎磺，SMD）	片剂：每片含 TMP 0.08 克＋SMD 0.4 克	内服，每天 1 次，首次量 0.05 克 / 千克体重，维持量 0.025 克 / 千克	同上
复方磺胺对甲氧嘧啶（SMD–TMP）	片剂：每片含 TMP 0.08 克＋SMD 0.4 克	内服，每天 1 次，30 毫克 / 千克体重	同上
	针剂：10 毫升含 TMP 0.2 克＋SMD 1 克	静注或肌注，每天 2 次，20～25 毫克 / 千克体重	
磺胺邻二甲氧嘧啶（周效磺胺，法纳西，SDM’）	片剂：0.5 克 / 片	内服，每天 1 次，首次量 0.05 克 / 千克体重，维持量 0.025 克 / 千克体重	同上
	针剂：10 毫升含 TMP 0.2 克＋SDM 1 克	静注或肌注，每天 2 次，15～20 毫克 / 千克体重	

续表 4–1

药物名称	制剂规格	用法及剂量	防治疾病
二甲氧苄氨嘧啶（敌菌净，DVD）	片剂：0.5 克 / 片	内服，每日 2 次，10 毫克 / 千克体重，属抗菌增效剂，常与 SMZ、SMD、SMM、SMZ 和四环素配合使用	肠道感染及兔球虫病
磺胺脒（SC）	片剂：0.5 克 / 片	内服，每天 3 次，首次量 0.3 克 / 千克体重，维持量 0.15 克 / 千克体重	大肠杆菌病、腹泻等
琥珀酰磺胺嘧唑（SST）	片剂：0.5 克 / 片	内服，每天 1～2 次，首次量 0.14 克 / 千克体重，维持量 0.07 克 / 千克体重，作用较 SG 强，连续使用 1 周以上，要补充维生素 K 和维生素 B_6	同上
酞磺嘧唑（息拉米，PSA）	片剂：0.5 克 / 片	内服，每天 1～2 次，首次量 0.14 克 / 千克体重，维持量 0.07 克 / 千克体重	大肠杆菌病、腹泻等
磺胺醋酰钠滴眼剂	溶液剂：10 %～30%	点眼	结膜炎、角膜炎等
诺氟沙星（氟哌酸）	片剂，胶囊，预混剂（5%）	内服，每天 2 次，连用 3～5 天，10 毫克 / 千克体重	膀胱炎、肠炎、菌痢等
恩诺沙星（乙基环丙沙星）	口服剂	口服，每天 2 次，2.5～5 毫克 / 千克体重	大肠杆菌病、沙门氏
	针剂	肌注，每天 2 次，连用 3 天，2.5～5 毫克 / 千克体重，必要时停药 2 天后再连用 3 天	菌病、巴氏杆菌病、链球菌病、葡萄球菌病等

续表 4–1

药物名称	制剂规格	用法及剂量	防治疾病
磺胺喹噁林（SQ）	粉剂	在水中混匀饮用，预防量按 0.05% 浓度饮 3 周；治疗量按 0.1% 饮水。本品与二甲氧苄胺嘧啶（DVD）按 4∶1 比例混合，以 0.25 克 / 千克体重使用，抗球虫效果很好	球虫病
磺胺二甲嘧啶（SM2）	片剂：0.5 克 / 片	拌入饲料或饮水中，预防量按 0.1% 饲料浓度或 0.2% 饮水浓度连喂 15～30 天；治疗量按 0.5% 饲料浓度，连喂 7 天，或 100 毫克 / 千克体重连喂 3 天，停 7 天再使用一疗程。一般用药宜早	同上
莫能菌素	预混剂（20%）	按含莫能菌素 0.004%～0.005% 浓度混入饲料饲喂，从断奶喂至 60 日龄	同上
氯苯胍	片剂：0.01 克 / 片；粉剂：预混剂（10%）	预防量每千克饲料加 150 毫克，从开食到断奶后 45 天；治疗量按每千克饲料加至 300 毫克，连喂 1～2 周，后改用预防量	同上
球痢灵（二硝苯甲酰胺）	粉剂	内服，50 毫克 / 千克体重，每日 2 次，连用 5 天	同上
杀球灵（Diclazuril，Clinucox）	预混料（0.5%）	每千克饲料添加 1 毫克，连喂 1 个月，可控制发病和死亡。应与莫能菌素交替或轮换使用	同上

续表 4-1

药物名称	制剂规格	用法及剂量	防治疾病
甲基三嗪酮（百球清）	溶液	预防按 0.0015 % 浓度饮水 3 周；治疗量按 0.0025 % 浓度饮水 2 天，间隔 5 天，再用 2 天。是治疗兔球虫病的特效药物	同上
盐霉素	粉剂	每千克饲料加 50 毫克，连喂 7 天左右	同上
伊维菌素（害获灭，Ivennectin）	粉剂，胶囊针剂	内服，按说明使用皮下注射，按说明使用	疥螨病、虱、蚤及线虫病
敌百虫	结晶粉	外用，1 %～2 % 温水涂搽患部，7～10 天后重复用药 1 次	疥螨病、兔虱病等
螨净	油状液体	外用，以 1∶500 比例稀释，涂搽患部	同上
甲苯咪唑	片剂：50 毫克 / 片	内服，每天 1 次，连用 3 天，35 毫克 / 千克体重	豆状囊尾蚴
枸橼酸哌嗪	片剂：0.5 克 / 片	内服，每天 1 次，连用 2 天，成年兔每千克饲料 0.5 克，幼兔每千克饲料 0.75 克	蛲虫病
灰黄霉素	片剂：0.1 克 / 片	内服，预防量每天 10 毫克 / 千克体重；治疗量，每天 30～50 毫克 / 千克体重，15 天为一疗程，间隔 5～7 天行第二疗程	皮肤真菌病
	软膏：3%	涂敷患部	
制霉菌素	片剂：25～50 单位 / 片	内服，5～20 万单位 / 只，每天 2～3 次	皮肤真菌病
	软膏：10 万单位 / 克	涂敷患部	

续表 4–1

药物名称	制剂规格	用法及剂量	防治疾病
咪康唑（达克宁，双氯苯咪唑，霉可唑）	乳剂：2%；洗剂：1%	涂敷患部，疗效优于制霉菌素	皮肤真菌病
鱼肝油	每克含 VA 850 单位，V 天 85 单位	内服，1～2 毫升 / 只	维生素 A 缺乏症、骨软症、佝偻病等
维生素 AD 注射剂	针剂：0.5 毫升，1 毫升，5 毫升，每毫升含维生素 A5 万单位，维生素 D 5 000 单位	肌注，2 500～5 000 单位 / 只	促进生长发育，治疗维生素 A、D 缺乏症
维生素 D_2（骨化醇）	胶丸：1 万单位 / 粒	内服，2 500～5 000 单位 / 只	骨软症、佝偻病及急性低血钙症
	针剂：40 万单位 / 毫升	肌注，2 500 单位 / 只	
维生素 E	片剂：10 毫克 / 片	内服，每天 2 次；1 毫升 / 只	维生素 E 缺乏症、不育症
	针剂：5 毫克 / 毫升或 50 毫克 / 毫升	肌注，1 毫克 / 只	
维生素 B_1	片剂：10 毫克 / 片	内服，1～2 片 / 只	维生素 B_1 缺乏症、消化不良
维生素 B_2	片剂：5 毫克 / 片	内服，2～4 片 / 只	维生素 B_2 缺乏症、消化不良
复合维生素	片剂溶液针剂	内服，1 片 / 只内服，1～2 毫升 / 只内服，1 毫升 / 只	营养不良、消化障碍、口腔炎、B 族维生素缺乏症
干酵母	片剂：0.5 克 / 片	内服，1～2 片 / 只	消化不良、B 族维生素缺乏症
食母生	片剂：含干酵母 0.2 克 / 片	内服，1～3 片 / 只	
维生素 C	片剂：50毫克 / 片，100 毫克 / 片；针剂：100 毫克 /2 毫升，1 克 /10 毫升	内服，0.05～0.18/ 只；肌注或静注，0.05～0.1 克 / 只	解毒、应激综合征、休克

续表 4–1

药物名称	制剂规格	用法及剂量	防治疾病
人工盐	粉剂	内服，助消化 1～2 克 / 只；下泻 4～6 克 / 只	小剂量内服用于食欲不振、消化不良等。剂量增大有缓泻作用
大黄苏打片	片剂：0.5 克 / 片	内服，1～2 片 / 只	消化不良、便秘等
硫酸钠（芒硝）	五色结晶	内服，成年兔 3～5 克 / 只，幼兔 1.5～2.5 克 / 只，配成 5%溶液口服	同上
硫酸镁	五色针状结晶	同上	便秘、毛球病等
液体石蜡	五色透明油状液	内服，5～10 毫升 / 只；禁止用本晶作泻药排除胃肠内毒物	便秘、臌气
植物油	豆油、菜籽油、花生油、麻油等	内服，一次量 30～50 毫升 / 只。禁止用本晶作泻药排除胃肠内毒物	食滞、毛球病
蓖麻油	淡黄色黏稠液体	内服，成兔 10～15 毫升，幼兔 5～7 毫升，加等量水灌服	便秘
消胀片（二甲基硅油片）	片剂：每片含二甲基硅油 25 毫克，氢氧化铝 40 毫克	内服，1 片 / 只	臌气病
鞣酸蛋白	淡黄色粉状	内服，2～3 克 / 只	止泻
矽炭银	片剂：0.5 克 / 片	内服 1～2 次 / 只，宜空腹时灌服	急性胃肠炎、腹泻
乳酸钙	片剂：0.5 克 / 片	内服，1～4 片 / 只	软骨症、佝偻病
葡萄糖酸钙注射液	针剂：2 克 /20 毫升，5 克 /50 毫升，10 克 /100 毫升	静注或深部肌内注射，0.2～0.4 克 / 只，静脉注射时速度要缓慢	急性缺钙、胃肠麻痹
复方氨基比林	针剂：1 克 /2 毫升	肌注，1～2 毫升 / 只	感冒等热性传染病
硼酸	2%	外用，冲洗	眼炎、鼻炎、乳房炎、脚皮炎、皮肤脓肿等

续表 4–1

药物名称	制剂规格	用法及剂量	防治疾病
明矾	0.2%	外用，冲洗	同上
雷佛奴尔（利凡诺尔）	粉末	外用，配成0.1%溶液冲洗伤口或湿敷感染性创伤	外伤、黏膜、腔道消毒
过氧化氢溶液	含过氧化氢3%	外用，1%～3%清洗创伤和瘘管，0.3%～1%冲洗口腔	深部化脓、瘘管等
高锰酸钾	黑紫色结晶	外用，0.05%～0.1%冲洗黏膜，0.1%～0.2%用于冲洗创伤，以0.1%水溶液作饮水	黏膜、创伤、腔道等
龙胆紫	2%溶液	外用	黏膜、皮肤外伤口处理
碘酊	2%，5%，10%溶液	外用，手术部位、注射部位和皮肤消毒	皮肤消毒，化脓伤口处理
碘甘油	3%溶液	外用	口腔炎、咽炎、鼻炎
酒精	70%～75%溶液	外用	注射部位、器械消毒
水杨酸	白色结晶	外用，配成5%～10%酒精溶液涂搽患部	毛癣病

（二）生物制品

生物制品是指用微生物及其代谢产物、寄生虫、动物血液或组织等经加工制成的用于预防、诊断、治疗特定传染病或其他疾病的免疫制剂。随着免疫学理论和相关技术的飞速发展与突破，生物制品的种类日益增多，质量不断提高，为家兔疾病的防治开辟了新的广阔前景。

1. 生物制品的种类

（1）疫苗　传统疫苗有弱毒苗和灭活苗两种。凡将特定细

菌、病毒及寄生虫毒力致弱或用异源毒制成的疫苗，称活疫苗；用物理或化学方法将其灭活后制成的疫苗称灭活苗。目前家兔常用的疫苗多为灭活苗。家兔常用疫苗种类、使用方法见本书第一章。近年来，利用分子生物学技术研制生产的新型疫苗日渐增多，受到了广泛的重视。如亚单位疫苗、基因缺失疫苗、活载体疫苗、核酸疫苗、合成肽疫苗和抗独特型疫苗等。

（2）**抗血清和抗毒素**　用特定的病原微生物或类毒素、毒素以及亚单位成分免疫动物，采血制备的血清。用一般病原微生物为抗原制备的称抗血清；用类毒素或毒素为抗原制备的称抗毒素。注射抗血清或抗毒素可预防或治疗特定病原引起的传染病，但常因血清用量大、价格高，大群体使用往往供不应求，因此在家兔生产中很少使用。

（3）**诊断制品**　由病原微生物（含寄生虫）制备抗原以检测相应抗体，或用已知抗血清（抗体）检测相应抗原的制品均称诊断液。如细菌悬浮液抗原、特异抗血清（分型抗血清、因子血清）、单克隆抗体、核酸杂交探针以及用细菌、毒素制作的抗原等。

（4）**血液生物制品**　由动物血液分离提取的各种组分，包括血浆、白蛋白、球蛋白、纤维蛋白原等。此外，还包括白细胞介素、单核细胞、干扰素、转移因子等。

（5）**微生态制品**　是用非病原微生物，如乳酸杆菌、蜡样芽孢杆菌、地衣芽孢杆菌、双歧杆菌等活菌生产的制剂，口服治疗家兔因正常菌群失调引起的下痢。目前微生态制剂已在临床应用和用作饲料添加剂。

2. 生物制品的使用

（1）**质量检查**　在使用各种生物制品前，要进行认真细致的检查。

外观检查：家兔常用的疫苗应为絮状沉淀。

凡有下列情况之一者，不能使用：①无标签或瓶签模糊不

清、记载不详。②瓶塞松动或已启盖或瓶身有破损。③已过期、失效者。④眼观质量与说明书不符，如发现色泽异常、瓶内有异物或发霉。⑤未按规定的要求保存。

（2）使用注意事项 为了使免疫接种能达到预期的效果，在使用生物制品进行疫病防治过程中，应注意以下几点：

第一，有条件应根据家兔体内母源抗体水平确定适宜的接种时间。接种过早，由于母源抗体作用，使免疫效果降低；接种太迟，会增加家兔感染的危险。

第二，使用前应仔细阅读瓶签及使用说明，注意适用对象、接种方法、注意事项等，然后按照要求先在小范围注射数只，观察1周，如无异常现象，则可进行大群免疫。

第三，接种前要认真检查兔的健康状况，凡发热、精神异常、妊娠后期母兔，通常暂不接种，待病愈、产后及时进行补注。

第四，使用前和使用过程中要不断充分振摇，使内容物充分混合均匀；开封后当天用不完的要丢弃。

第五，接种剂量准确，接种途径正确。剂量过大过小，接种部位、方法不正确，都会影响免疫效果。要严格按照说明书要求进行，不得随意变更。不得任意将几种疫苗同时甚至混合接种，以免发生干扰现象。

第六，紧急接种时要一兔一针头。

第七，接种完毕时剩余的疫苗、空瓶要集中进行无害化处理。

第八，接种后严密观察，发生剧烈反应的及时进行治疗。

（三）药物的保存

1. 药物的保管

（1）制订严格的保管制度 药物的保管应有严格的制度，包括出、入库检查、验收，建立药品消耗和盘存账册，逐月填写药品消耗、报损和盘存表，制订药物采购和供应计划。如各种兽药在购入时，除应注意有完整正确的标签及说明书外，不立即使用的还应特别注意包装上的保管方法和有效期。

（2）各类药品的保管方法　所有药品，均应在固定的药房和药库存放。

2. 药物储存的基本方法

（1）密封保存　以下几类药品需要密封保存。

①易风化药品　多数含结晶水的药物露置空气中，逐渐变成白色不透明结晶或白色的干燥粉末，叫作风化，如仍按原剂量可致增量而易中毒。应密封保存，置于稍潮湿处，如碳酸钠、硫酸钠、硫酸镁、硼砂和阿托品。

②易潮解药品　有些药品能吸收空气中的水气而自行溶解，叫潮解，应密封保存，并置于干燥处，如氯化钙、氯化钠、碘化钾、溴化钠、醋酸钾、三氯化铁、次硝酸铋、氯化铵、溴化铵等。

③易挥发药品　有些沸点低的药品，包装不严或放在温度较高的地方就要挥发而逸出瓶外。应密封保存，并置于温度较低处，如酒精、福尔马林、水合氯醛、酊剂、各种挥发油、碘片、樟脑、薄荷脑等。

④易被氧化或碳酸化药品　有些药品露在空气中便与空气中的氧气或二氧化碳化合而变质，叫作氧化或碳酸化，应密封保存并置于阴凉处，如鱼肝油、苛性钠等。

⑤其他密封保存药品　许多抗生素类、中药、生化药物、蛋白质类药物不仅易吸潮，而且受热后易分解失效，或易发霉变质、虫蛀，也应密封于干燥阴凉处保存。

（2）避光保存　有些原料药如恩诺沙星、盐酸普鲁卡因，散剂如含有维生素 D、维生素 E 的添加剂，片剂如维生素 C、阿司匹林，注射剂如氯丙嗪、肾上腺素注射液等遇光可发生化学变化生成有色物质，出现变色变质，导致药效降低或毒性增加，应放于避光容器内，密封于干燥处保存。片剂可保存于棕色瓶内，注射剂可放于遮光的纸盒内。

（3）低温保存　受热易分解失效的原料药，如抗生素、生化制剂（如垂体后叶素等注射剂），最好放置于2～10℃低温处。易爆易挥发的药品，如乙醚、挥发油、氯仿、过氧化氢等，及含有挥发性药品的散剂，均应在密闭阴凉处保存。

3. 生物制品的保存　各种生物制品（如疫苗、菌苗、抗血清、类毒素、诊断液等）要求的保存条件不同，因此必须根据产品说明书，分别妥善保管。保管的适宜温度：各种水剂疫苗、菌苗为4～10℃，切忌结冰；冻干疫苗和抗血清等在0℃以下。持续高温（35℃以上）或冷冻（2℃以下）都会造成疫苗失效而不能使用。各种生物制品要求放置在阴暗、干燥处，有条件的地方可使用冰库、冰箱保存；条件差的地方可因地制宜，在地窖或水井等凉爽处保存。

（任克良）

第五章
传 染 病

一、细菌性传染病

（一）魏氏梭菌病

兔魏氏梭菌病又称兔梭菌性肠炎，主要是由 A 型魏氏梭菌及其所产生的外毒素引起的一种死亡率极高的致死性肠毒血症。以泻出大量水样粪便，导致迅速死亡为特征。是为害养兔业的重要疾病。

【病　原】 主要为 A 型魏氏梭菌，少数为 E 型魏氏梭菌。本菌属条件性致病菌，革兰氏染色阳性，厌氧条件下生长繁殖良好。可产生多种毒素。

【流行特点】 不同年龄、品种、性别的家兔对本病均易感染。一年四季均可发生，但以冬春两季发病率最高。各种应激因素均可诱发本病发生，如长途运输、青、粗料短缺、饲料配方突然更换（尤其从低能量、低蛋白向高能量、高蛋白饲粮转变）、长期饲喂抗生素、气候骤变等。消化道是主要传播途径。

【症状与病变】 急性腹泻。粪便有特殊腥臭味，呈黑褐色或黄绿色，污染肛门等部。轻摇兔体可听到“咣、咣”的拍水声。有水泻的病兔多于当天或次日死亡。流行期间也可见无下痢症状即迅速死亡的病例。胃多胀满，黏膜脱落，有出血斑点和溃疡。

小肠壁充血、出血，肠腔充满含气泡的稀薄内容物。盲肠黏膜有条纹状出血，内容物呈黑色或黑褐色水样。心脏表面血管怒张呈树枝状。有的膀胱积有茶色或蓝色尿液。

【诊断要点】①发病不分年龄，以1～3月龄幼兔多发，饲料配方、气候突变、长期饲喂抗生素等多种应激均可诱发本病；②急性腹泻后迅速死亡，粪便稀，恶臭，常带血液；通常体温不高；③胃与盲肠有出血、溃疡等特征病变；④抗生素治疗无效；⑤病原菌及其毒素检测。

【防治措施】

1. 预防 ①加强饲养管理。饲粮中应有足够的木质素，硬质粗纤维，木质素，变化饲料逐步进行，减少各种应激的发生。②规范用药。预防兔病注意抗生素种类、剂量和时间。禁止使用如林可霉素、克林霉素、阿莫西林等抗生素。③预防接种。兔群定期皮下注射A型魏氏梭菌灭活苗，每年2次，每次2毫升。

2. 治疗 发生本病后，及时隔离病兔，对患兔兔笼及周围环境进行彻底消毒。在饲料中增加粗饲料比例的同时，还应注射A型魏氏梭菌高免血清，每千克体重2～3毫升，皮下、肌内或静脉注射。感染早期可试用卡那霉素，每千克体重20毫升，肌内注射，每天2次，连用3天。也可用二甲基三哒唑混饲，每千克饲料500毫克，效果可靠。同时配合对症治疗，如腹腔注射5%葡萄糖生理盐水进行补液，口服食母生（每只5～8克）和胃蛋白酶（每只1～2克），疗效更好。

【诊治注意事项】诊断本病时应抓住腹泻症状和出血性胃肠炎的病变。急性发生时胃肠道病理变化不明显，要仔细观察。由于腹泻，故注意与泰泽氏菌、大肠杆菌病、沙门氏菌病、球虫病、饲料霉变中毒等疾病作鉴别。治疗对初期效果较好，晚期无效。对无临诊症状的兔紧急注射疫苗，剂量加倍。

（二）大肠杆菌病

兔大肠杆菌病又称兔黏液性肠炎，是由一定血清型的致病性大肠杆菌及其毒素引起的一种暴发性、死亡率很高的仔、幼兔肠道传染病。本病的特征为水样或胶冻样粪便及脱水。是断奶前后家兔致死的主要疾病之一。

【病　原】 埃希氏大肠杆菌，为革兰氏阴性菌，呈椭圆形。引起仔兔大肠杆菌病的主要血清型有 O_{128}、O_{85}、O_{88}、O_{119}、O_{18} 和 O_{26} 等。

【流行特点】 本病一年四季均可发生，主要侵害初生和断奶前后的仔、幼兔，成兔发病率低。大肠杆菌为肠道正常寄生菌，正常情况下不发病，当有饲养管理不良（如饲料配方突然变换、饲喂量突然增加、采食大量冷冻饲料和多汁饲料、断奶方式不当等）、气候突变等应激因素时，肠道正常菌丛活动受到破坏，肠道内致病性大肠杆菌数量急剧增加，其产生的毒素大量积累，引起腹泻。兔群一旦发生本病，常因场地、兔笼的污染而引起大流行，造成仔、幼兔大量死亡。第一胎仔兔发病率和死亡率较高，其他细菌（如魏氏梭菌、沙门氏杆菌）、轮状病毒、球虫病等也可诱发本病的发生。

【症状与病变】 以下痢、流涎为主。最急性的未见任何症状突然死亡，急性的 1～2 天内死亡，亚急性的 7～8 天死亡。体温正常或稍低，待在笼中一角，四肢发冷，发出磨牙声，精神沉郁，被毛粗乱，腹部膨胀（因肠道充满气体和液体）。病初有黄色明胶样黏液和附着有该黏液的干粪排出。有时带黏液粪球与正常粪球交替排出，随后出现黄色水样稀粪或白色泡沫。主要病理变化为胃肠炎，小肠内含有较多气体和淡黄色的黏液，大肠内有黏液样分泌物，也可见其他病变。

【诊断要点】 ①有改变饲料配方、变化笼位、气候突变等应激史；②断奶前后仔、幼兔多发，同笼仔幼兔相继发生；③从肛

门排出黏胶状物；④有明显的黏液性肠炎病变。⑤病原菌及其毒素检测。

【防治措施】

1. 预防 减少各种应激。仔兔断奶前后不能突然改变饲料，提倡原笼原窝饲养，饲喂要遵循“定时、定量、定质原则”，春秋季要注意保持兔舍温度的相对恒定。20～25日龄仔兔皮下注射大肠杆菌灭活苗。用本场分离的大肠杆菌制成的菌苗预防注射，效果确切。

2. 治疗 ①最好先对病兔分离到的大肠杆菌做药敏试验，选择较敏感的药物进行治疗，如诺氟沙星、环丙沙星、恩诺沙星等。②链霉素，每千克体重20毫克，肌内注射，每天2次，连用3～5天。③庆大霉素，每只1万～2万单位，肌内注射，每天2次，连用3～5天；也可在饮水中添加庆大霉素药物。④促菌生菌液。每只2毫升（约10亿活菌），口服，每天1次，连用3次。⑤对症治疗。可在皮下或腹腔注射葡萄糖生理盐水或口服生理盐水等，以防脱水。

【诊治注意事项】 注意与有腹泻症状的泰泽氏病、球虫病、沙门氏菌病、魏氏梭菌病等作鉴别。但本病腹泻的特征是黏胶样肠内容物，这是鉴别要点之一。本病早期治疗效果较好，晚期治疗效果差。按时注射大肠杆菌菌苗对预防兔群发病具有一定的意义。

（三）巴氏杆菌病

巴氏杆菌病是家兔的一种重要常见传染病，病原为多杀性巴氏杆菌，临诊病型多种多样。

【病　原】 多杀性巴氏杆菌为革兰氏阴性菌，两端钝圆、细小，呈卵圆形的短杆状。菌体两端着色深，但培养物涂片染色，两极着色则不够明显。

【流行特点】 多发生于春秋两季，常呈散发或地方性流行。

多数家兔鼻腔黏膜带有巴氏杆菌，但不表现临床症状。当各种因素（如长途运输、过分拥挤、饲养管理不良、空气质量不良、气温突变、疾病等）应激作用下，机体抵抗力下降，存在于上呼吸道黏膜以及扁桃体内的巴氏杆菌则大量繁殖，侵入下部呼吸道，引起肺病变，或由于毒力增强而引起本病的发生。呼吸道、消化道或皮肤、黏膜伤口为主要传染途径。

【症状与病变】

1. 败血型 急性时精神萎靡，停食，呼吸急促，体温达41℃以上，鼻腔流出浆液、脓性鼻涕。死前体温下降，四肢抽搐。病程短的24小时内死亡，长的1～3天死亡。流行之初有不显症状而突然死亡。剖检为全身性出血、充血和坏死。该型可单独发生或继发于其他任何一型巴氏杆菌病，但最多见于鼻炎型和肺炎型之后，此时可同时见到其他型的症状和病变。

2. 肺炎型 以急性纤维素性化脓性肺炎和胸膜炎为特征。病初食欲不振，精神沉郁，主要症状为呼吸困难，常以败血症告终。剖检见纤维素性、化脓性、坏死性肺炎以及纤维素性胸膜炎和心包炎变化。

3. 鼻炎型 以浆液性、黏性脓性或眼性鼻液特征的鼻炎和副鼻窦炎为特征，从鼻腔流出大量鼻液。

4. 中耳炎型 单纯中耳炎多无明显症状，如炎症蔓延至内耳或脑膜、脑质，则可表现斜颈，头向一侧偏斜，甚至出现运动失调和其他神经症状。剖检时在一侧或两侧鼓室内有白色或淡黄色渗出物。鼓膜破裂时，从外耳道流出炎性渗出物。也可见化脓性内耳炎和脑膜脑炎。

5. 结膜炎型 眼睑中度肿胀，结膜发红，有浆液性、黏液性或黏液脓性分泌物。

6. 生殖系统感染型 母兔感染时可无明显症状，或表现为不孕并有黏液性脓性分泌物从阴道流出。子宫内扩张，黏膜充血，内有脓性渗出物。公兔感染初期附睾出现病变，随后一侧或

两侧的睾丸肿大，质地坚实，有的发生脓肿，有的阴茎有脓肿。

7. 脓肿型 全身各部皮下、内脏均可发生脓肿。皮下脓肿可触摸到。脓肿内含有白色、黄褐色奶油状脓汁。

【诊断要点】 春、秋季多发，呈散发或地方性流行。除精神委顿、不食与呼吸急促外，据不同病型的症状、病理变化可做出初步诊断，但确诊需做细菌学检查。

【防治措施】

1. 预防 建立无多杀性巴氏杆菌种兔群。定期消毒兔舍，降低饲养密度，加强通风。对兔群经常进行临诊检查，将流鼻涕、鼻毛潮湿蓬乱、中耳炎、结膜炎的兔子及时挑出，隔离饲养和治疗。每年两次皮下注射兔巴氏杆菌灭活菌苗，每次注射1毫升。

2. 治疗 ①青霉素、链霉素联合注射。每千克体重青霉素2万～4万单位、链霉素20毫克，混合一次肌内注射，每天2次，连用3天。②磺胺二甲嘧啶。内服，首次量每千克体重0.2克，维持量为0.1克，每天2次，连用3～5天。③皮下注射抗巴氏杆菌高免血清，每千克体重6毫升，8～10小时再重复注射1次。

【诊治注意事项】 本病型较多，因此诊断时要特别仔细，并注意与兔出血症、葡萄球菌病、波氏杆菌病、李氏杆菌病等鉴别。

（四）支气管败血波氏杆菌病

支气管败血波氏杆菌病是由支气管败血波氏杆菌引起家兔的一种呼吸器官传染病，其特征为鼻炎和支气管肺炎，前者常呈地方性流行，后者则多是散发性。本病多见于气候多变的春、秋两季。

【病　原】 支气管败血波氏杆菌，为一种细小杆菌，革兰氏染色阴性，常呈两极染色，是家兔上呼吸道的常在性寄生菌。

【流行特点】 本病多发于气候多变的春秋两季，冬季兔舍通

风不良时也易流行。传染途径主要是呼吸道。病兔打喷嚏和咳嗽时病菌污染环境，并通过空气直接传给相邻的健康兔，当兔子患感冒、寄生虫等疾病时，均易诱发本病。本病常与巴氏杆菌、李氏杆菌病等并发。

【症状与病变】 鼻炎型：较为常见，多与巴氏杆菌混合感染，鼻腔流出浆液或黏液性分泌物（通常不呈脓性）。病程短，易康复。支气管肺炎型：鼻腔流出黏性至脓性分泌物，鼻炎长期不愈，病兔精神沉郁，食欲不振，逐渐消瘦，呼吸加快。成年兔多为慢性，幼兔和青年兔常呈急性。剖检时，如为支气管肺炎型，支气管腔可见混有泡沫的黏脓性分泌物，肺有大小不等、数量不一的脓疱，肝、肾等器官也可见或大或小的脓疱。

【诊断要点】 ①有明显鼻炎、支气管肺炎症状；②有特征性的化脓性支气管肺炎和肺脓疱等病变；③病原菌分离鉴定。

【防治措施】

1. 预防 保持兔舍清洁和通风良好。及时挑出、治疗或淘汰有呼吸道症状的病兔。定期注射兔波氏杆菌灭活苗，每只皮下注射 1 毫升，免疫期 6 个月，每年注射 2 次。

2. 治疗 ①庆大霉素，每只每次 1 万～2 万单位肌内注射，每天 2 次。②卡那霉素，每只每次 1 万～2 万单位肌内注射，每天 2 次。③链霉素，每千克体重 20 毫克肌内注射，每天 2 次。

【诊治注意事项】 鼻炎型应与巴氏杆菌病及非传染性鼻炎鉴别，支气管肺炎型应与巴氏杆菌病、绿脓假单孢菌病及葡萄球菌病鉴别。治疗本病停药后易复发，内脏脓疱的病例治疗效果不明显，应及时淘汰。

（五）葡萄球菌病

兔葡萄球菌病是由金黄色葡萄球菌引起的常见传染病。其特征为身体各器官脓肿形成或发生致死性脓毒败血症。

【病 原】 金黄色葡萄球菌在自然界分布广泛，为革兰氏染色阳性，能产生高效价的 8 种毒素。家兔对本菌特别敏感。

【流行特点】 家兔是对金黄色葡萄球菌最敏感的一种动物。通过各种不同途径都可能发生感染，尤其是皮肤、黏膜的损伤，哺乳母兔的乳头口是葡萄球菌进入机体的重要门户。通过飞沫经上呼吸道感染时，可引起上呼吸道炎症和鼻炎。通过表皮擦伤或毛囊、汗腺而引起皮肤感染时，可发生局部炎症，并可导致转移性脓毒血症。通过哺乳母兔的乳头口以及乳房损伤感染时，可患乳房炎。仔兔吮吸了含本菌的乳汁、产箱污染物等，均可患黄尿病、败血症等。

【症状与病变】 常表现以下几种病型：

1. 脓肿 原发性脓肿多位于皮下或某一内脏，手摸时兔有痛感，稍硬，有弹性，以后逐渐增大变软。脓肿破溃后流出脓稠、乳白色的脓液。一般患兔精神、食欲正常。以后可引起脓毒血症，并在多脏器发生转移性脓肿或化脓性炎症。

2. 仔兔脓毒败血症 出生后 2～3 天皮肤发生粟粒大白色脓疱，多由于垫草粗糙，刺伤皮肤有关，脓汁呈乳白色乳油状，多数在 2～5 天以败血症死亡。剖检时肺脏和心脏也常见许多白色小脓疱。

3. 乳房炎 产后 5～20 天的母兔多发。在急性病例，乳房肿胀、发热，色红有痛感。乳汁中混有脓液和血液。慢性时，乳房局部形成大小不一的硬块，之后发生化脓，脓肿也可破溃流出脓汁。

4. 仔兔急性肠炎（黄尿病） 仔兔食入患乳房炎母兔的乳汁或产箱垫料被污染引起。一般全窝发生，病仔兔肛门四周和后肢被黄色稀粪污染，不食，昏睡，死亡率高。剖检见出血性胃肠炎病变。膀胱极度扩张并充满尿液，氨臭味极浓。

5. 足皮炎、脚皮炎 足皮炎的病变部大小不一，多位于足底部后肢跖趾区的跖侧面，偶见于前肢掌指区的跖侧面，该病型极易因败血症迅速死亡，致死率较高。脚皮炎在足底部。病变部皮肤脱毛、红肿，之后形成脓肿、破溃，最终形成大小不一的溃疡面。病兔小心换脚休息，跛行，甚至出现跷腿、弓背等症状。

【诊断要点】 根据皮肤、乳腺和内脏器官的脓肿及腹泻等症状与病变可怀疑本病，确诊应进行病原菌分离鉴定。

【防治措施】

1. 预防　清除兔笼内一切锋利的物品；产箱内垫草要柔软、清洁；兔体受外伤时要及时做消毒处理；注射疫苗部位要做消毒处理；产仔前后的母兔适当减少饲喂量和多汁饲料供给量；发病率高的兔群要定期注射葡萄球菌菌苗，每年2次，每次皮下注射1毫升。

2. 治　疗

（1）**局部治疗**　局部脓肿与溃疡按常规外科处理，涂搽5%龙胆紫酒精溶液，或3%～5%碘酒、3%结晶紫石炭酸溶液、青霉素软膏、红霉素软膏等药物。

（2）**全身治疗**　新青霉素Ⅱ，每千克体重10～15毫克，肌内注射，每天2次，连用4天。也可用四环素、磺胺类药物治疗。

【诊治注意事项】 眼观初步诊断时一定要发现化脓性炎症，仔兔的肠炎要注意和其他疾病所致的肠炎做鉴别。由于巴氏杆菌病，绿脓杆菌病等也可表现化脓性炎症，因此要从病原和病变等多方面来做鉴别。治疗仔兔急性肠炎时，要对母兔和仔兔同时治疗。足皮炎治疗不及时极易因败血病迅速死亡。

（六）肺炎克雷伯氏菌病

肺炎克雷伯氏菌病是由肺炎克雷伯氏菌引起家兔的一种散发性传染病。青年、成年兔以肺炎及其他器官化脓性病灶为特征，幼兔以腹泻为特征。

【病　原】 肺炎克雷伯氏菌，为革兰氏阴性、短粗、卵圆形杆菌。

【流行特点】 本菌为肠道、呼吸道、土壤、水和谷物等的常见菌。当兔机体抵抗力下降或其他原因造成应激，可促使本病发生。各种年龄、品种、性别的兔均易感染，但以断奶前后仔兔及妊娠母兔发病率最高，受害最为严重。

【流行特点】 本菌为肠道、呼吸道、土壤、水和谷物等的常见菌。当兔机体抵抗力下降或其他原因造成应激，可促使本病发生。各种年龄、品种、性别的兔均易感染，但以断奶前后仔兔及妊娠母兔发病率最高，受害最为严重。

【典型症状与病变】 青年、成年患兔病程长，无特殊临诊症状，一般表现为食欲逐渐减少和渐进性消瘦，被毛粗乱，行动迟钝，呼吸急促，打喷嚏，流鼻液。剖检可见患兔肺部和其他器官、皮下、肌肉有脓肿，脓液黏稠呈灰白色或白色。幼兔剧烈腹泻，迅速衰弱，终至死亡。幼兔肠道黏膜淤血，肠腔内有多量黏稠物和少量气体。妊娠母兔发生流产。

【诊断要点】 根据症状、病理变化可做出初步诊断，确诊需要做病原鉴定。

【防治措施】

1. 预防 本病目前无特异性预防方法。平时加强清洁卫生和防鼠、灭鼠工作。一旦发现病兔，及时隔离治疗，对其所用兔笼、用具进行消毒。

2. 治疗 首选药物为链霉素，每千克体重肌内注射 2 万单位，每天 2 次，连续 3 天。也可用诺氟沙星、环丙沙星、庆大霉素注射液等。

【诊治注意事项】 兔群一旦感染，很难根除。本病须与肺炎球菌病、溶血性链球菌病、支气管败血波氏杆菌病、绿脓假单孢杆菌病及仔兔大肠杆菌病做鉴别。本病属人兽共患病，注意个人卫生防护。

（七）肺炎球菌病

肺炎球菌病是由肺炎双球菌引起的一种呼吸道传染病，其特征为体温升高、咳嗽、流鼻涕和突然死亡。

【病 原】肺炎球菌为革兰氏阳性球菌，菌体呈矛状，即两个菌体细胞平面相对，尖端向外，在脓液中多为短链状，无芽孢。本菌对青霉素等抗生素和磺胺类药物敏感。

【流行特点】病兔、带菌兔及带菌的啮齿动物等是主要的传染源，由被污染的饲料和饮水等经胃肠道或呼吸道传染，也可经胎盘传染。妊娠兔和成年兔多发，且常为散发，可呈地方性流行。

【症状与病变】精神沉郁，减食，体温升高，咳嗽，流黏液性或脓性鼻涕。幼兔患病常呈败血症变化突然死亡。剖检见气管和支气管黏膜充血及出血，管腔内有粉红色黏液和纤维素性渗出物。肺部有大片的出血斑或水肿、脓肿。多数病例呈纤维素性胸膜炎和心包炎，心包与肺或与胸膜之间发生粘连。肝脏肿大，呈脂肪变性。脾脏肿大。子宫和阴道黏膜出血。

【诊断要点】妊娠兔和成年兔多发，且常为散发。幼兔可呈地方性流行，呈败血症突然死亡。根据临床症状和病理变化可初步诊断，确诊应依细菌学检查。

【防治措施】

1. 预防 加强饲养管理，严格执行兽医卫生防疫制度。受威胁兔群，可使用药物进行预防性治疗。

2. 治疗 ①抗生素。青霉素，每千克体重 2 万～4 万单位，肌内注射，每日 2 次，连用 3～5 天。卡那霉素新生霉素与庆大霉素治疗也有效。②磺胺二甲基嘧啶。每千克体重 0.05～0.1 克，口服，每日 2 次，连用 4 天。③抗肺炎双球菌高免血清。每只 10～15 毫升，加入青霉素或新霉素 4 万～8 万单位，皮下注射，每日 1 次，连用 3 天。

【诊治注意事项】注意与波氏杆菌病、巴氏杆菌病和溶血链球菌病做鉴别。巴氏杆菌病患兔肝脏有坏死灶，本病无此病变。

（八）沙门氏菌病

沙门氏菌病又称副伤寒，是由沙门氏菌属细菌引起的一种传染病。幼兔多表现为腹泻和败血症，妊娠母兔主要表现为流产。

【病　原】 兔副伤寒的病原菌主要为鼠伤寒沙门氏杆菌和肠炎沙门氏杆菌，为革兰氏阴性卵圆形小杆菌。

【流行特点】 断奶幼兔和妊娠 25 天后的母兔易发病。传播方式，一种是健康兔食入了被病兔或鼠类污染的饲料和饮水；另一种是健康兔肠内寄生的本菌，在各种应激因素作用下，兔体抵抗力下降，趁机繁殖和毒力增强而发病。仔兔还可经子宫内或脐带感染。

【症状与病变】 个别不显症状突然死亡。幼兔多表现急性腹泻，粪便带有黏液，体温升高至 41℃，不食，渴欲增强，很快死亡。剖检见内脏充血、出血，淋巴结肿大，肠壁可见灰白色结节或坏死灶，肝有小坏死灶，脾肿大。母兔表现化脓性子宫内膜炎和流产，流产多发生于母兔妊娠 25 天后至将近临产。故胎儿多发育完全。妊娠母兔发病率可高达 57%，流产率达 70%，致死率为 44%。如未死而康复者不易受胎。未流产的胎儿常发育不全、木乃伊化或液化。

【诊断要点】 ①根据幼兔腹泻、内脏病变和妊娠母兔化脓性子宫内膜炎、流产可做初步诊断；②确诊应根据细菌学和血清学检查结果。

【防治措施】

1. 预防　加强饲养管理，增强兔体抗病力。定期对兔舍、用具进行消毒。彻底消灭老鼠和苍蝇。妊娠前后母兔注射鼠伤寒沙门氏菌灭活菌苗，每只皮下注射 1 毫升。疫区兔群每年定期注射 2 次。定期用鼠伤寒沙门氏杆菌诊断抗原普查带菌兔，对阳性者要隔离治疗，无治疗效果者严格淘汰。

2. 治疗 可用庆大霉素，每千克体重10毫克，每天2次，连用5天。也可服用土霉素，每千克体重50毫克，每天2次，连用3～5天。还可内服大蒜汁1汤勺，每天3次，连用7天。

【诊治注意事项】 本病的诊断主要依靠腹泻和流产症状，但这些症状见于多种疾病，如腹泻见于魏氏梭菌病、大肠杆菌病、泰泽氏菌病、葡萄球菌病、球虫病等，应注意鉴别。用土霉素治疗时应注意休药期。

（九）李氏杆菌病

李氏杆菌病为人兽共患的一种散发性传染病，是由产单核细胞李氏杆菌引起的。其特征为败血症、脑膜脑炎和流产，幼兔和妊娠母兔多受害，死亡率高。

【病 原】 产单核细胞李氏杆菌，为革兰氏染色阳性，呈棒状或球杆状，在抹片中单个分散、并列成对或呈“V”字形排列。鼠类是本菌在自然界的贮藏库。

【流行特点】 本病的传染源特别多，其中鼠类常为本菌在自然界的贮藏库。带菌动物的粪便和分泌物感染了饲料、用具和水源之后，可传染给兔。传染途径为消化道、鼻腔、眼结膜、伤口以及吸血昆虫的叮咬。多为散发，有时呈地方性流行，发病率低，死亡率高，幼兔和妊娠母兔较易感染。

【症状与病变】 潜伏期一般为2～8天。急性病例多见于幼兔，症状仅见精神萎靡，不食，体温升高达40℃以上，也见鼻炎、结膜炎，1～2天内死亡。亚急性型与慢性时，主要表现为间歇性神经症状，如嚼肌痉挛，全身震颤，眼球凸出，头颈偏向一侧，做转圈运动等，如侵害妊娠母兔则于产前2～3天发病，阴道流出红色或棕褐色分泌物。血中单核细胞增多。病理变化为鼻炎、化脓性子宫内膜炎、单核细胞性脑膜脑炎和肝、心、肾、脾等内脏坏死灶形成。

【诊断要点】 ①幼兔（常呈急性）与妊娠母兔（多为亚急性

与慢性）较多发；②急性病例一般呈败血性变化（充血、出血，水肿，体腔积液），鼻炎与结膜炎，肝坏死灶。亚急性与慢性有子宫、脑和内脏的特征变化；③确诊需做李氏杆菌分离鉴定与动物接种试验。

【防治措施】

1. 预防 做好灭鼠和消灭蚊虫工作。发现病兔，立即隔离治疗或淘汰，消毒兔笼和用具。对有病史的兔场或长期不孕的兔，可采血化验单核白细胞数量变化情况，检出隐性感染的家兔。

2. 治疗 ①磺胺嘧啶钠，每千克体重0.1毫克，肌内注射，首次量加倍，每天2次，连用3～5天。②增效磺胺嘧啶，每千克体重25毫克，肌内注射，每天2次。③四环素，每只200毫克口服，每天1次。④庆大霉素，每千克体重1～2毫克肌内注射，每天2次。⑤新霉素，每只2万～4万单位，混于饲料中喂给，每天3次。

【诊治注意事项】 本病的诊断要考虑全面，不能仅看见流鼻液、神经症状或流产便诊断为本病，脑的病理组织检查、血液单核细胞检查和病原菌鉴定不能忽视。注意与巴氏杆菌病、沙门氏菌病等鉴别。本病能传染给人，注意个人防护。

（十）野兔热

野兔热又称土拉热或土拉杆菌病，是由土拉热弗朗西斯菌引起人兽共患的一种急性、热性、败血性传染病。本病广泛流行于啮齿动物中，其特征为体温升高，淋巴结、肝、脾等器官的坏死灶形成。

【病　原】 土拉热弗朗西斯菌呈多形态，在患病的动物体内为球状，在培养物中呈球状、杆状、丝状等。为革兰氏阴性菌，美蓝染色两极着色良好。

【流行特点】 病兔及被污染的饲料、垫草、饮水等都能成为传染源。病菌可通过皮肤、黏膜侵入兔体，也能通过吸血昆虫传播。多发生于春末夏初。

【症状与病变】 超急性无临诊症状，因败血症迅速死亡。急性者仅于临死前表现精神萎靡，食欲不振，运动失调，2～3天内呈败血症而死亡。大多数病例为慢性：发生鼻炎，鼻腔流出黏性或脓性分泌物，体表淋巴结（如颌下、肩前、腹股沟淋巴结）肿大，体温升高1℃～1.5℃，极度消瘦，最后多衰竭而死。剖检可见淋巴结、肝、脾、肾肿大与大小不等的坏死灶形成。

【诊断要点】 ①多发于春末夏初，啮齿动物与吸血昆虫活动季节；②有鼻炎、体温升高、消瘦、衰竭与血液白细胞增多等临诊症状；③有特征病理变化；④病原菌检查等。

【防治措施】

1. 预防 兔场要注意灭鼠杀虫，驱除兔体外寄生虫，经常对笼舍及用具进行消毒，严禁野兔进入饲养场。引进种兔要隔离观察，确认无病后方可入群。发现病兔要及时治疗，无治疗价值的要扑杀处理。疫区可试用弱毒菌苗预防接种。

2. 治疗 病初可用以下药物治疗：①链霉素，每千克体重20毫克肌内注射，每天2次，连用4天。②金霉素，每千克体重20毫克，用5%葡萄糖液溶解后静脉注射，每天2次，连用3天。也可用土霉素等抗生素治疗。

【诊治注意事项】 此病的症状无特异性，只能做诊断参考。病理变化有较大诊断价值，但要与伪结核病、李氏杆菌病等做鉴别。本病属人兽共患病，剖检时要注意防护，以免受感染。治疗应尽早进行，病至后期疗效不佳。

（十一）结 核 病

结核病由结核杆菌属细菌引起。其特征为肺脏、淋巴结等器官形成结核结节，临床表现渐进性消瘦。

【病 原】 分枝杆菌属的细菌（牛分枝杆菌、禽分枝杆菌、结核分枝杆菌）为革兰氏染色阳性，一般染色方法较难着色，常用方法为齐－尼氏（Ziehl-Neelsen）抗酸染色法，菌体可染成红色。

【流行特点】各种畜禽、野生动物和人都能感染发病。病兔和患结核病的其他动物的分泌物、排泄物污染了饲料、饮水和用具，将结核病菌传给健康家兔而引起发病。也可通过飞沫传染。此外，还可通过交配、皮肤创伤、脐带或胎盘等途径传染。

【症状与病变】病初常无明显症状，随疾病发展，出现咳嗽、喘气、呼吸困难、消瘦等症状。患肠结核的病兔，常表现腹泻，有的病例四肢关节肿大或骨骼变形，甚至发生脊椎炎和后躯麻痹。剖检见淋巴结、肺等脏器有结核结节形成，结节常发生干酪样坏死，组织上可见特异的多核巨细胞和上皮样细胞。

【诊断要点】①主要发生于成年兔，表现慢性消瘦和程度不等的呼吸障碍；②淋巴结、肺等脏器有结核结节病变，组织学检查可见到上皮样细胞和巨细胞；③细菌学检查；④生前可试用结核菌素皮内试验。

【防治措施】

1. 预防 兔场、兔舍要远离牛舍、鸡舍和猪圈，减少病原传播的机会。定期检疫，及时淘汰病兔。禁用患结核病病牛、病羊的乳汁喂兔。患结核病的人不能当饲养员。

2. 治疗 对种用价值高的病兔用异烟肼和链霉素联合治疗。每只兔每天口服异烟肼 1～2 克，肌内注射对氨基水杨酸 4～6 克，间隔 1～2 天用药 1 次，链霉素每天每千克体重 30 毫克。

【诊治注意事项】本病生前症状不特异，故常被忽视，死后虽见特征病变，但对结核结节的判定须有经验，通常以病理组织学诊断较准确。有干酪样坏死的病变时可进行病原菌检查。本病以预防为主，一般可不进行治疗。注意与内脏有结节病变的疾病（如伪结核病、李氏杆菌病、野兔热等）鉴别。

（十二）伪结核病

伪结核病是由伪结核耶尔森氏菌引起的一种慢性消耗性疾病。兔以及多种哺乳动物、禽类和人，尤其是啮齿动物鼠类都能感染发病。本病的特征病变是内脏淋巴形成坏死结节，这种病变和结核病的结节相似，故称为伪结核病。

【病　原】 病原体是伪结核耶尔森氏杆菌，为革兰氏阴性菌，属多形态的球状短杆菌。脏器触片美蓝染色，呈两极着色。鼠类是本病菌的自然贮存宿主。

【流行特点】 本菌在自然界广泛存在，啮齿动物是本病菌的贮存所。主要经消化道，也可由皮肤伤口、交配和呼吸道而感染。多呈散发，偶尔为地方流行。

【症状与病变】 病兔主要表现为腹泻、消瘦，约经3～4周死亡。剖检见盲肠蚓突、圆小囊、肠系膜淋巴结与脾等内脏器官有粟粒状灰白色坏死结节形成。偶有败血症而死亡的病例。

【诊断要点】 ①慢性腹泻与消瘦；②内脏典型坏死性结节病变；③取材检查病原菌可确诊。

【防治措施】

1. 预防　本病以预防为主，发现可疑病兔后立即淘汰，消毒兔舍和用具，加强卫生和灭鼠工作。同时注意人身保护。注射伪结核耶尔森氏多价灭活苗，每只皮下注射1毫升，每年注射2次，可控制本病的发生。

2. 治疗　无可靠有效方法，可试用下列药物治疗：①链霉素，肌内注射，每千克体重20毫克，每天2次，连用3～5天；②四环素片，内服，每次1片（0.25克），每天2次。

【诊治注意事项】 根据典型病变结合症状，一般可做初步诊断，但确诊应做病原菌检查。由于病变为坏死性结节，所以要注意与结核病、球虫病、沙门氏菌病、李氏杆菌病及野兔热做鉴别。结节病变的部位和组织变化在鉴别诊断上有重要意义。

（十三）坏死杆菌病

坏死杆菌病是由坏死杆菌引起的以皮肤和口腔黏膜坏死为特征的散发性慢性传染病。

【病　原】 坏死梭杆菌，为多形态的革兰氏阴性细菌，严格厌氧。本菌广泛存在于自然界，也是健康动物扁桃体和消化道黏膜的常在菌。

【流行特点】 坏死杆菌广泛存在于自然界，也是健康动物扁桃体和消化道黏膜的常在菌。病兔和带菌兔的分泌物、排泄物均可成为传染源。主要经损伤的皮肤、口腔和消化道黏膜而传染。多为散发，如其他嗜氧菌并存时，有利于本菌的生长，也可呈地方性发生。幼兔比成年兔易感。

【症状与病变】 患兔不食，流涎，体重减轻，体温升高。唇部、口腔黏膜、齿龈、脚底部、四肢关节及颈部、头面部以至胸前等处的皮肤及组织均可发生坏死性炎症，形成脓肿、溃疡。病灶破溃后，病变组织散发出恶臭气味。最后衰竭死亡。剖检除见上述病变外，有时在内脏也可见到转移性坏死灶。

【诊断要点】 根据患病部位、组织坏死的特殊臭味可做出初步诊断。确诊应依据坏死杆菌的特征进行鉴定。

【防治措施】

1. 预防　清除饲草、笼内的锐利物，以防损伤兔体皮肤和黏膜。对已经破损的皮肤、黏膜要及时用 3% 过氧化氢或 1% 高锰酸钾溶液洗涤，但不可涂结晶紫和龙胆紫。

2. 治　疗

（1）局部治疗　清除坏死组织，口腔先用 0.1% 高锰酸钾溶液冲洗，然后涂搽碘甘油，每天 2～3 次。其他部位可用 3% 过氧化氢或 5% 来苏儿冲洗，然后涂搽 5% 鱼石脂酒精或鱼石脂软膏。患部出现溃疡时，清理创面后涂搽土霉素或青霉素软膏。

（2）全身治疗　可用磺胺二甲嘧啶，每千克体重 0.15～0.2

克肌内注射，每天2次，连用3天。或青霉素每千克体重2万～4万单位，肌内注射。

【诊治注意事项】 本病较易诊断，治疗应采取局部与全身同时治疗，效果较好。注意与绿脓杆菌病、葡萄球菌病和传染性水疱口炎鉴别。

（十四）绿脓杆菌病

绿脓杆菌病又称绿脓假单胞菌病，是由绿脓假单胞菌引起人兽共患的一种散发性传染病。患兔主要表现败血症，皮下与内脏脓肿及出血性肠炎。

【病　原】 绿脓假单胞菌为中等大小的革兰氏阴性菌，本菌广泛分布于自然界和体内，病料中呈单个、成对或短链，人工培养基中则是长短不一的长丝状。本菌对一般消毒药敏感，对磺胺药、青霉素等不敏感。

【流行特点】 患病与带菌动物的排泄物和分泌物所污染的饲料、饮水和用具是本病主要传染源。消化道、呼吸道和伤口是主要感染途径。发病不分年龄和季节。不合理使用抗生素可诱发本病。

【症状与病变】 患兔精神沉郁，食欲减退或废绝，呼吸困难，体温升高，下痢，排褐色稀便，一般在出现下痢24小时左右死亡。慢性病例有腹泻表现，有的出现皮肤脓肿，脓液呈淡绿色或灰褐色黏液状，有特殊气味。偶可见到化脓性中耳炎病变。

【诊断要点】 ①急性为败血症，无特异症状和病变；慢性主要见皮下、内脏等部的脓肿或化脓性炎症以及腹泻和出血性肠炎。②确诊应做病原菌检查和动物接种试验。

【防治措施】

1. 预防　加强日常饮水和饲料卫生，防止水源和饲料被污染。做好兔场防鼠灭鼠工作。有病史的兔群可用绿脓假单胞菌苗进行预防注射，每只1毫升，皮下注射，每年注射2次。

2. 治疗 ①多黏菌素，每千克体重1万单位，每天2次肌内注射，连用3～5天。②新霉素，每千克体重2万～3万单位，每天2次，连用3～5天。

【诊治注意事项】 注意与魏氏梭菌病、葡萄球菌病、泰泽氏病鉴别。由于本病易产生抗药性，药物治疗时，应先进行药敏试验，选择高敏药物进行治疗。

（十五）泰泽氏病

泰泽氏病是由毛样芽孢杆菌引起的急性传染病。其特征是严重腹泻、脱水和迅速死亡。

【病　原】 毛样芽孢杆菌，为严格的细胞内寄生菌，形态细长，革兰氏染色阴性，能形成芽孢，PAS（过碘酸锡夫氏）染色与姬姆萨染色着色良好。

【流行特点】 家兔和其他动物均可感染。经消化道感染。主要侵害6～12周龄兔，秋末至春初多发。过热、拥挤、饲养管理不当等应激会诱发本病。应用磺胺类药物治疗其他疾病时，因干扰了胃肠道内微生物的生态平衡，也易导致本病的发生。

【症状与病变】 发病急，以严重的水泻和后肢沾有粪便为特征。患兔精神沉郁，不食，迅速全身脱水而消瘦，于1～2天内死亡。少数耐过者，长期食欲不振，生长停滞。剖检见坏死性盲肠结肠炎，回肠后段与盲肠前段浆膜明显出血、肝坏死灶形成及坏死性心肌炎。

【诊断要点】 ①6～12周龄幼兔较易感染发病，严重水泻，12～48小时死亡；②盲肠、结肠、肝与心脏的特征性病变；③肝、肠病部组织涂片，姬姆萨或PAS染色，在细胞质中可发现病原菌。

【防治措施】

1. 预防 加强饲养管理，注意清洁卫生，兔的排泄物要做发酵处理。消除各种应激因素，如过热、拥挤等。目前尚无疫苗预防。

2. 治疗 患病早期用0.006%～0.01%土霉素供患兔饮用。也可用青霉素、链霉素联合肌内注射。治疗无效时，应及时淘汰。

【诊治注意事项】 本病的诊断要依腹泻、肠炎、肝与心脏坏死等特征，病原菌检查可以确诊。由于本病有腹泻症状，应注意与沙门氏菌病、大肠杆菌病及魏氏梭菌病鉴别。注意土霉素的休药期。

（十六）链球菌病

兔链球菌病是由溶血性链球菌引起的一种急性败血症传染病，主要为害幼兔，春秋季多发。

【病　原】 为C群β型溶血性链球菌，革兰氏染色阳性，呈圆形或卵圆形，在病料中成对或组成长短不等的链状。

【流行特点】 病菌存在于许多动物和家兔的呼吸道、口腔及阴道中，在自然界分布很广。病兔和带菌兔是主要感染源，病菌随分泌物、排泄物污染饲料、用具、空气、饮水和周围环境，经健康兔的上呼吸道黏膜或扁桃体而传染。当各种应激因素使机体抵抗力降低时，也可诱发本病。主要侵害幼兔，发病不分季节，但以春、秋两季多见。

【症状与病变】 体温升高，不食，精神沉郁，呼吸困难，间歇性下痢，常死于脓毒败血症。剖检见皮下组织浆液出血性炎症、卡他出血性肠炎、脾肿大等败血性病变，有的病例也可发生局部脓肿。

【防治措施】

1. 预防 防止兔感冒，减少诱病因素。发现病兔立即隔离，并进行药物治疗。

2. 治疗　①青霉素，每千克体重 2 万～4 万单位肌内注射，每天 2 次，连续 3 天。②红霉素，每只 50～100 毫克肌内注射，每天 2～3 次，连用 3 天。③磺胺嘧啶钠，每千克体重 0.2～0.3 克内服或肌内注射，每天 2 次，连用 4 天。

【诊治注意事项】 本病表现一般症状和病变，诊断时要综合考虑。由于有下痢和肠炎变化，故应注意与沙门氏菌病、泰泽氏病等做鉴别。

（十七）嗜水气单胞菌病

嗜水气单胞菌病主要是水生动物的一种传染病，人、兔等动物感染嗜水气单胞菌后也可感染发病。患病的特征为出血性盲肠炎和腹泻，粪便呈乳白色。

【病　原】 嗜水气单胞菌属于弧菌科、气单胞菌属，为革兰氏阴性短杆菌，单个或成双排列，无荚膜，有运动力，兼性厌氧。

【流行特点】 本菌宿主范围十分广泛，变温动物、家禽、鸟类、哺乳动物（如兔、牛等）都可感染本菌并致败血症死亡。嗜水气单胞菌在自然界，尤其是在水中广泛分布。该菌可以单独或与其他致病菌混合感染，可以通过外伤经被污染的水源感染，能产生具有溶血性并引起败血症的外毒素，1～2 月龄的幼兔最易感染。

【症状与病变】 发病初期精神不好，食欲下降，随后出现腹泻，粪便呈乳白色，病兔很快死亡。剖检可见肠道严重出血，特别是盲肠的浆膜和黏膜呈弥漫性出血。肝、肾淤血，心包有积液，心肌出血，肺淤血。腹膜炎，腹水增多，腹腔内脏器官表面附有灰白色纤维素假膜。肾贫血、肿大、松软。

【诊断要点】 根据排出乳白色粪便、典型病理变化和细菌学检查结果可初步做出诊断。

【防治措施】

1. 预防　嗜水气单胞菌在自然界，尤其是在水中广泛存在，所以在饮水时应特别注意，尤其是利用养鱼的池塘水时更要小心，因为鱼类等变温动物对本菌十分敏感，鱼类在水中往往是本菌的带菌者而污染水源，兔饮了被污染的水可被感染。因此，应注意水质的检查和消毒。被病兔及病死兔污染的场所、用具等应进行彻底消毒。

2. 治疗　可选用庆大霉素、环丙沙星、增效磺胺等药物。

【诊治注意事项】 1～2 月龄的幼兔最易感染。注意与大肠杆菌等疾病做鉴别。

（十八）破 伤 风

破伤风又称强直症，是由破伤风梭菌经创伤感染所引起的一种人兽共患传染病。病兔的特征是骨骼肌痉挛和肢体僵直。

【病　原】 破伤风梭菌为一种大型、革兰氏阳性、能形成芽孢的厌氧性细菌。芽孢在菌体的一端，似鼓槌状或球拍状。本菌可产生多种毒素，其中痉挛毒素是引起强直症状的决定性因素。

【流行特点】 创伤是本病的主要传播途径。剪毛、刺号（或安装耳标）、咬伤、手术及注射时不注意消毒，常可因污染本菌的芽孢而发病。临床实践中，有些病例查不到伤口，可能是创伤已愈合，或可能经损伤的子宫、消化道黏膜感染。

【症状与病变】 本病潜伏期为 4～20 天。病初，病兔食欲减少，继而废绝，瞬膜外露，牙关紧闭，流涎，四肢强硬，呈木马状，以死亡告终。剖检无特异病变，仅见因窒息缺氧所致的病变，如血液凝固不良，呈黑紫色，肺淤血、水肿，黏膜和浆膜散布数量不等的小出血点。

【诊断要点】 根据特征症状和外伤病史，一般可做出初步诊断。当症状不明显时，可在创伤深部采取病料，涂片染色，检查破伤风梭菌。

【防治措施】

1. 预防　兔舍、兔笼及用具要保持清洁卫生，严防尖锐物刺伤兔体。剪毛时避免损伤皮肤。一旦发生外伤，要及时处理，防止感染。手术、刺号（安装耳标）及注射时要严格消毒。对较大、较深的创伤，除做开放扩创处理外，还应肌内注射破伤风抗毒素 1 万～3 万单位。

2. 治疗 ①静脉注射破伤风抗毒素，每天 1 万～2 万单位，连用 2～3 天。②肌内注射青霉素，每天 20 万单位，分 2 次注射，连用 2～3 天。③静脉注射葡萄糖、氯化钠 50 毫升，每天 2 次。

【诊治注意事项】 正确扩创处理，严防创伤内厌氧环境的形成，是防止本病发生的重要措施之一。本病为人兽共患传染病，要注意个人卫生防护。

（十九）棒状杆菌病

棒状杆菌病是由鼠棒状杆菌和化脓棒状杆菌所引起的一种以实质器官及皮下或关节等部位形成小化脓灶为特征的传染病。

【病　原】 棒状杆菌为革兰氏阳性、正直或微弯曲多形态的杆菌，常一端比较粗大而呈棒状。

【流行特点】 本菌广泛分布于自然界中，家兔易感性强。主要通过污染的土壤、垫草与剪毛或其他原因发生的外伤接触感染，或通过污染的饲料、饮水等经消化道感染。本病常为散发。

【症状与病变】 病兔常无明显症状而逐渐消瘦，食欲不佳，皮下发生脓肿和变形性关节炎等。剖检见肺和肾脏有小脓肿病灶，皮下也有脓肿病灶，切开脓肿后流出淡黄色、干酪样脓液，关节肿胀，化脓性或增生性炎症。

【诊断要点】 根据病理变化可做初步诊断，确诊需做细菌学检查。

【防治措施】

1. 预防 目前无特异预防办法，主要靠加强饲养管理及清洁卫生工作防止外伤感染。一旦发生外伤，应立即涂碘酊或龙胆紫，以防伤口感染。

2. 治疗 用青霉素、链霉素、新胂凡纳明等治疗有效。青霉素，每千克体重2万～4万单位，肌内注射，每天2次，连用5～7天。链霉素，每千克体重2万单位，肌内注射，每天2次，连用5～7天。新胂凡纳明每千克体重40～60毫克，用灭菌蒸馏水或生理盐水配成5%溶液，耳静脉注射。

【诊治注意事项】 确诊注意与波氏杆菌病做鉴别。波氏杆菌病和本病均能引起肺出现化脓性病灶，但波氏杆菌病的脓肿不发生于四肢和关节。

（二十）附红细胞体病

附红细胞体病简称附红体病，是由附红细胞体所引起的一种急性、致死性人兽共患传染病。家兔也可感染发病，其特征是发热、贫血、出血、水肿与脾肿大等。

【病　原】 附红细胞体是一种多形态微生物，多为环形、球形和卵圆形，少数为顿号形和杆状。

【流行特点】 本病可经直接接触传播。吸血昆虫如扁虱、刺蝇、蚊、蜱等以及小型啮齿动物是本病的传播媒介。各种年龄兔均易感。一年四季均可发生，但以吸血昆虫大量繁殖的夏、秋季节多见。

【症状与病变】 本病以1～2月龄幼兔受害最严重，成年兔症状不明显，常呈带菌状态。病兔四肢无力，精神沉郁，运动失调。最后由于贫血、消瘦、衰竭而死亡。剖检可见腹肌出血，腹腔积液，脾脏肿大，膀胱充满黄色尿液，有的病例可见黄疸、肝脂肪变性，胆囊胀满，肠系膜淋巴结肿大等。

【诊断要点】 ①本病多见于吸血昆虫大量繁殖的夏、秋季节。②有发热、贫血、消瘦等症状。③取血涂片、染色，镜检观察附红体及被感染的红细胞形态。

【防治措施】

1. 预防 成年兔是带菌者，所以购入种兔时要严格进行检

查。消除各种应激因素对兔体的影响，夏、秋季节防止昆虫叮咬。

2. 治疗 ①新胂凡纳明，每千克体重40～60毫克，以5%葡萄糖溶液溶解成10%注射液，静脉缓慢注射，每天1次，隔3～6天重复用药1次。②四环素，每千克体重40毫克，肌内注射，每天2次，连用7天。③土霉素，每千克体重40毫克，肌内注射，每天2次，连用7天。血虫净（贝尼尔）、氯苯胍等也可用于本病的治疗。贝尼尔＋强力霉素或贝尼尔＋土霉素按说明用药，具有良好的效果。

【诊治注意事项】 本病为人兽共患病，注意个人卫生防护。

（二十一）布鲁氏菌病

布鲁氏菌病是由流产布鲁氏菌或马耳他布鲁氏菌引起母兔流产为特征的人兽共患的地方性、慢性传染病。

【病　原】 病原为流产布鲁氏菌或马耳他布鲁氏菌。流产布鲁氏菌是一种短杆式球杆菌，大小0.5～0.7微米×0.6～1.5微米。一般消毒药可杀死本菌，如2%来苏儿、2%福尔马林、5%石灰乳等均可将其杀死。

【流行特点】 病兔及其他带菌动物是本病的传染源，主要经消化道、皮肤、黏膜及交配传染，吸血昆虫也可传播本病。各品种兔都有易感性，性成熟的家兔易感，母兔比公兔易感，野兔比家兔易感。本病一年四季都可发生，常为散发。兔与其他动物混养，野兔进入兔场，环境污染，吸血昆虫大量滋生等，均可促进本病的发生。

【症状与病变】 患兔表现为流产、子宫炎，从阴道内流出大量分泌物，甚至脓性或血样分泌物。体温升高。公兔的附睾和睾丸肿胀。有时会出现脊椎炎，造成后肢麻痹。剖检肝脏、脾脏、肺脏及腋淋巴结出现脓肿。母兔子宫内蓄脓，黏膜溃疡或坏死。公兔的附睾和睾丸可能有炎性坏死和化脓灶。

【诊断要点】 流产、病理变化可做出初步诊断，通过培养和

分离细菌及凝集试验可确诊本病。

【防治措施】

1. 预防 引进种兔要严格检疫，对凝集试验阳性兔坚决淘汰。兔场位置应远离其他动物饲养场。对流产兔要判断病因，确诊为本病的要严格淘汰，并对其排出的胎儿及其污染物彻底清除、消毒，同时对其他正常兔做凝集试验，确定是否遭感染。

2. 治疗 有价值的兔可进行治疗。①链霉素每千克体重 20 毫克，2 次 / 天，肌内注射，连用 5 天。②金霉素每只 100～200 毫克，分两次内服，连用 5 天。③磺胺嘧啶每千克体重 150～200 毫克，2 次 / 天，连用 3 天。④子宫炎可用 0.1% 高锰酸钾溶液冲洗，然后放入金霉素胶囊，每天一次。睾丸炎可局部温敷、涂搽消炎软膏等。

【诊治注意事项】 本病注意与李氏杆菌、巴氏杆菌和沙门氏菌病鉴别。注意个人防护。

（二十二）类鼻疽

类鼻疽是由伪鼻疽单胞菌引起的人兽共患传染病。以各组织的干酪样小结节及出现鼻、眼分泌物、呼吸困难甚至死亡为主要特征。

【病 原】 伪鼻疽单胞菌，革兰氏阴性杆菌。本菌对外界环境的抵抗力较强，在土壤和水中能存活 1 年以上，但不耐高热和低温，常用消毒剂可将其杀死。对多种抗生素有耐药性，但对强力霉素、甲枫霉素、四环素、卡那霉素、磺胺嘧啶和甲氧苄氨嘧啶等较为敏感。

【流行特点】 家兔和人多因接触被污染的水或土壤，通过损伤的皮肤黏膜或吸血昆虫（跳蚤）叮咬皮肤而感染，也可经呼吸道、消化道或泌尿生殖道感染。家兔和豚鼠对本菌高度易感，各年龄与各品种的兔都有易感性，常造成暴发流行。

【症状与病变】 患兔鼻腔内流出大量分泌物，鼻黏膜潮红。

眼角出现浆液性或脓性分泌物。呼吸急促，有的甚至窒息死亡。体温升高，颈部和腋窝淋巴结肿大，公兔睾丸红肿、发热，有的母兔出现子宫内膜炎的症状或造成妊娠母兔流产。鼻黏膜处形成结节，结节可能溃疡。肺脏出现结节或弥漫性斑点。慢性病例可见肺脏实变。腹腔、胸腔的浆膜上有许多点状坏死灶。睾丸和附睾组织有干酪样坏死区域。全身淋巴结，特别是颈部和腋窝淋巴结内有干酪样的小结节。

【诊断要点】 主要靠实验室检查诊断。

【防治措施】

1. 预防 严防饲料、饮水受污染。防止各种外伤，如发生外伤，应及时进行外科处理。兔场不准饲养其他动物。

2. 治疗 ①甲枫霉素每只每次 50～100 毫克，肌内注射，2 次 / 天，连用 5 天。②卡那霉素，每只每次 50～250 毫克，肌内注射，2 次 / 天，连用 5 天。③强力霉素，每千克体重 5～10 毫克，每天内服 2 次，连用 3～5 天。治疗药物要交替使用。长效磺胺和磺胺增效剂联合使用效果更好。

【诊治注意事项】 注意与兔结核病、伪结核病、巴氏杆菌病做鉴别。注意个人防护。

（二十三）肉毒梭菌中毒症

肉毒梭菌中毒症是由于动物吸收肉毒梭菌毒素而发生的一种人兽共患的急性致死性中毒病。慢性兔多以胃肠道麻痹和大肠秘结为特征。急性兔表现肌肉麻痹。

【病　原】 肉毒梭菌为厌氧菌，而且能形成芽孢。

【流行特点】 肉毒梭菌广泛存在于土壤、植物、动物肠道、粪便、腐败尸体和饲料中。芽孢在动物尸体、肉类、鱼粉、罐头食品等厌氧环境中萌发后形成肉毒梭菌，菌体大量繁殖就产生多种毒素。这类毒素耐煮沸 15 分钟，在消化道内不被破坏，毒力也很强。兔、鼠类及多种畜禽都有易感性。本病传染性不强，一般呈散发，但发生后致死率可达70%以上。

【症状与病变】急性型：采食后数小时死亡。体温正常，两腿麻痹，肌肉松弛，行走困难，有时卧地不起，呼吸困难，呈急性死亡，致死率可达100%。青壮年兔、妊娠兔及采食量大的兔常呈急性型。

慢性型：食欲减退，粪球小而硬，体温正常或稍低，行走不稳。妊娠前期的母兔往往出现胚胎吸收，妊娠后期兔表现流产。发病较久的兔被毛粗乱、脱落，食欲废绝。触诊腹部见胃扩大，盲、结肠硬实似香肠样，最后昏睡而死，致死率高达50%～60%。

剖检见心耳、心外膜有不同程度的出血或淤血。肺轻度水肿、气肿，有暗红色出血。气管内有淡黄色泡沫和渗出物。胃黏膜脱落，有黑褐色溃疡斑点。肝脏肿大质脆，胆囊肿胀，胆汁脓稠，盲肠和结肠浆膜出血，肠体粗大硬实，大量积粪。粪便表面附有黏液和血液，蚓突充满粪便。子宫肿大，内膜出血。

【诊断要点】可根据临床症状和病变特征做出初步诊断。

【防治措施】

1. 预防 首先要严把饲料关，平时配用的饲料要清洁，无霉变。其次，兔舍内、兔笼附近的动物尸体、腐烂草料、青草等应及时清理。患本病的兔排出的粪便中也含有肉毒梭菌及其毒素，应及时清理掉。另外，在兔或其他畜禽常发生本病的地区，可用同型类毒素进行预防接种。

2. 治疗 本病应采取排出毒素、缓泻、解毒、恢复神经和肌肉的紧张性、中和毒素等治疗措施。

（1）对病兔立即洗胃、灌肠，以减少毒素的吸收。症状严重时立即淘汰，秘结较轻时，可用以下方法治疗：①取1毫升硫酸新士的明注射液加9毫升无菌蒸馏水稀释，肌内注射稀释液1毫升，每天1次，连用3～5天。②取1毫升氨甲酰胆碱注射液加9毫升无菌蒸馏水稀释，肌内注射稀释液1毫升，每天1次，连用3～5天。③灌服盐类或油类泻剂。

（2）保肝解毒。可用10%～25%葡萄糖液10～15毫升，加维生素C 2～3毫升静脉注射，每天1次，连用3～5天。同时，肌内注射维生素B_{12} 1毫升，肌苷1毫升，每天1次，连用5～7天。在病的早期，可用抗毒素肌内注射，以中和毒素。

二、病毒性传染病

（一）兔病毒性出血症

兔病毒性出血症俗称兔瘟、兔出血症，是由兔病毒性出血症病毒引起家兔的一种急性、高度致死性传染病，对养兔生产危害极大。本病的特征为生前体温升高，死后呈明显的全身性出血和实质器官变性、坏死。

【病　原】兔出血性病毒，是一种新发现的病毒，具有独特的形态结构。该病毒具有凝集红细胞的能力，特别是人的O型红细胞。2010年，一种新的兔出血症病毒变体，被命名为兔出血症病病毒2型，在意大利首次被鉴别出来。研究显示其与传统的兔出血症病毒在其抗原形态和遗传特性方面存在差异。

【流行特点】本病自然感染只发生于兔，其他畜禽不会染病。各类型兔中以毛用兔最为敏感，獭兔、肉兔次之。同龄公母兔的易感性无明显差异。但不同年龄家兔的易感性差异很大。青年兔和成年兔的发病率较高，但近年来，断奶幼兔发病病例也呈增高的趋势。仔兔一般不发病。一年四季均可发生，但春、秋两季更易流行。病兔、死兔和隐性传染兔为主要传染源，呼吸道、消化道、伤口和黏膜为主要传染途径。此外，新疫区比老疫区病兔死亡率高。

【症状与病变】最急性病例突然抽搐尖叫几声后猝死。有的嘴内吃着草而突然死亡。急性病例体温升到41℃以上，精神萎靡，不喜动，食欲减退或废绝，饮水增多，病程 12～48 小时，死前表现呼吸急促，兴奋，挣扎，狂奔，啃咬兔笼，全身颤抖，体温突然下降。有的尖叫几声后死亡。有的鼻孔流出泡沫状血液，有的口腔或耳内流出红色泡沫样液体，肛门松弛，周围被少量淡黄色或淡黄色胶样物沾污。慢性的少数可耐过、康复。剖检见气管内充满血液液体，黏膜出血，呈明显的气管环。肺充血、有点状出血。胸腺、心外膜、胃浆膜、肾、肝脏、淋巴结、肠浆膜等组织器官均明显出血，实质器官变性。脾淤血肿大。肝肿大出血、胆囊充盈，膀胱积尿，充满黄褐色尿液，脑膜血管充血怒张并有出血斑点。组织检查，肺、肾等器官发现微血管形成，肝肾等实质器官细胞明显坏死。

【诊断要点】 ①青年兔与成年兔的发病率、死亡率高。月龄越小发病越少，仔兔一般不感染。一年四季均可发生，多流行于冬春季；②主要呈全身败血性变化，以多发性出血最为明显；③确诊需做病毒检查鉴定、血凝试验和与血凝抑制试验。

【防治措施】

1. 预防 ①定期注射兔瘟组织灭活疫苗。30～35 日龄用兔瘟单联苗或瘟巴二联苗，每只皮下注射 2 毫升。60～65 日龄时加强免疫一次，皮下注射 1 毫升。以后每隔 5.5～6 个月注射 1 次。②禁止从疫区购兔。③严禁收购肉兔、兔毛、兔皮等商贩进入生产区。④病死兔要深埋或焚烧，不得乱扔。使用的一切用具、排泄物均需 1% 氢氧化钠溶液消毒。

2. 治疗 本病无特效药物。可使用抗兔瘟高免血清，一般在发病后尚未出现高热症状时使用。若无高免血清，应对未表现临诊症状兔进行兔瘟疫苗紧急接种，剂量 2～4 倍，一兔用一针头。

【诊治注意事项】 注意与急性巴氏杆菌病鉴别。目前兔瘟流行趋于低龄化，病理变化趋于非典型化，多数病例仅见肺、胸腺、肾等脏器有出血斑点，其他脏器病变不明显。发生本病用疫苗进行紧急预防接种后，短期内兔群死亡率可能有升高的情况。

（二）传染性水疱口炎

传染性水疱口炎俗称流涎病，是由水疱口炎病毒引起的一种急性传染病。其特征是口腔黏膜形成水疱和伴有大量流涎。发病率和死亡率较高，幼兔死亡率可达50%。

【病　原】 兔传染性水疱口炎病毒，主要存在于病兔的水疱液、水疱及局部淋巴结中。

【流行特点】 病兔是主要的传染源。病毒随污染的或饮水经口、唇、齿龈和口腔黏膜而侵入，吸血昆虫的叮咬也可传播本病。饲养管理不当，饲喂发霉变质或带刺的饲料，引起黏膜损伤，更易感染。本病多发于春、秋，主要侵害1～3月龄的仔幼兔，青、成兔发病率较低。

【症状与病变】 口腔黏膜发生水疱性炎症，并伴随大量流涎。病初体温正常或升高，口腔黏膜潮红、充血，随后出现粟粒至扁豆大的水疱。水疱破溃后形成溃疡。流涎使颌下、胸前和前肢被毛粘成一片，发生炎症、脱毛。如继发细菌性感染，常引起唇、舌、口腔黏膜坏死，发生恶臭。患兔食欲下降或废绝，精神沉郁，消化不良，常发生腹泻，日渐消瘦，虚弱或死亡。幼兔死亡率高，青年兔、成年兔较低。

【诊断要点】 根据流行病学资料（主要危害1～3月龄的幼兔，其中断奶1～2周龄的幼兔最常见，成年兔发病少，本病常发生于春秋季）、症状（大量流涎）和病变（口腔黏膜的结节、水疱与溃疡）可做出诊断；必要时作病毒鉴定。

【防治措施】

1. 预防　经常检查饲料质量，严禁用粗糙、带芒刺饲草饲喂幼兔。发现流口水兔，及时隔离治疗，并对兔笼、用具等用2%氢氧化钠溶液消毒。

2. 治疗 ①可用青霉素粉剂涂于口腔内，剂量以火柴头大小为宜，一般一次可治愈。但剂量大时易引起兔死亡。②先用防腐消毒液（如1%盐水或0.1%高锰酸钾溶液等）冲洗口腔，然后涂搽碘甘油、明矾与少量白糖的混合剂，每天2次。全身治疗可内服磺胺二甲嘧啶，每千克体重0.2～0.5克，每天1次。③对可疑病兔喂服磺胺二甲嘧啶，剂量减半。

【诊治注意事项】 本病的诊断比较容易，但注意与坏死杆菌病、兔痘鉴别。治疗最好局部与全身兼治，疗效较好。

（三）轮状病毒病

轮状病毒病是由轮状病毒引起仔兔的一种肠道传染病，其临诊特征为腹泻与脱水。

【病 原】 轮状病毒颗粒的形态略呈圆形，为具有双层衣壳的RNA病毒，直径为65～76纳米。

【流行特点】 本病主要侵害2～6周龄的仔兔，尤以4～6周龄仔兔最易感，发病率和死亡率最高。成年兔多呈隐性感染，发病率高，死亡率低。在新发生的兔群常呈突然暴发，迅速传播。兔群一旦发生本病，随后将每年连续发生。传染途径为消化道。病兔或带毒兔的排泄物含有大量病毒。健康兔因食入被污染的饲料、饮水或乳头而感染发病。

【症状与病变】 2～6周龄（尤其4～6周龄）的仔兔最易感染发病。病兔表现昏睡、食欲下降或废绝。排出半流体或水样粪便，后臀部沾有粪便。多数于腹泻后2天内死亡，病死率可达40%。青年兔、成年兔常呈隐性感染而带毒，多数不表现症状。病死兔剖检，空肠、回肠黏膜充血、水肿，肠内容物稀薄，镜检见绒毛呈多灶性融合和中度缩短或变钝，肠细胞扁平。有些肠段的黏膜固有层和黏膜下层轻度水肿。

【诊断要点】 根据本病流行特点、症状、病变及治疗试验（抗生素疗效不佳）可做出倾向性诊断。

【防治措施】

1. 预防 本病目前尚无有效的疫苗与治疗方法，因此重点应在于预防，加强饲养管理，注意兔舍卫生，给予仔兔充足的初乳和母乳。

2. 治疗 以纠正体液、电解质平衡失调、防止继发感染为原则。用轮状病毒高免血清治疗，每千克体重皮下注射 2 毫升，每天 1 次，连用 3 天。

【诊治注意事项】 注意与魏氏梭菌病、大肠杆菌病和球虫病做鉴别。兔场一旦流行此病一般很难根治，以后每年都会连续发生。

（四）兔 痘

兔痘是由兔痘病毒引起家兔的一种急性、热性、高度接触性传染病，其特征是皮肤、口鼻黏膜及腹膜、内脏器官的痘疹形成。幼兔和妊娠母兔发病后致死率较高。

【病 原】 兔痘病毒。病毒存在于病兔的全身组织器官，以肾上腺和肾脏含量最高。病兔的分泌物和排泄物中含有大量病毒。

【流行特点】 只有家兔能自然感染本病，发病不分年龄，但幼兔和妊娠母兔的死亡率最高。患兔鼻、眼等分泌物含有大量病毒，主要经消化道、呼吸道、伤口、交配感染。消灭并隔离病兔仍不能防止本病在兔群中流行，康复兔不带毒。

【症状与病变】 潜伏期，新疫区 2～9 天，老疫区 2 周。

1. 痘疱型 体温升高，不食，流鼻涕，淋巴结（特别是腘淋巴结和腹股沟淋巴结）、扁桃体肿大。皮肤出现痘疹病变，表现为红斑、丘疹坏死和出血。有的发生结膜炎、外生殖器炎、支气管肺炎、流产和神经症状。感染后 1～2 周死亡。剖检见皮肤、口腔黏膜及腹膜、内脏器官的痘疹病变。

2. 非痘疱型 多无典型痘疹变化，但常见胸膜炎、肝坏死灶、脾脏肿大、睾丸水肿与出血以及肺和肾上腺的灰白色小结节。

【诊断要点】 根据流行特点、症状、皮肤与黏膜的痘疹病变，结合肺、肝、脾、胆囊黏膜、淋巴结、腹膜和网膜的痘疹结节病变可做出诊断。必要时进行病毒鉴定。

【防治措施】

1. 预防 加强日常卫生防疫工作，避免引入传染源。兔受到本病威胁时，可用牛痘苗做紧急预防接种。

2. 治疗 本病目前尚无有效治疗措施。

【诊治注意事项】 口腔病变应注意与传染性水疱口炎鉴别。

（五）乳头状瘤病

乳头状瘤病是由病毒引起的一种肿瘤性疾病，其特征为局部皮肤呈乳头状生长。

【病　原】 乳头状瘤病毒属的乳头瘤病毒。

【流行特点】 此肿瘤原发于野生棉尾兔，具传染性。

【症状与病变】 本病具有传染性，兔群中如有一只患病，则乳头状瘤可长期存在，并能发生恶性变化，引起死亡。在皮肤（头、颈、乳腺、腹、背、四肢、肛门等部）或口腔黏膜（主要在舌腹面）形成肿瘤。肿瘤位于皮肤时，呈黑色或暗灰色，表面有厚层角质。在口腔，本瘤多位于舌腹面，色灰白，呈结节状，表面光滑，较大时形似花椰菜状。

【诊断要点】 根据肿瘤发生部位、病理特征（皮肤或口腔黏膜的乳头状瘤形成）和传染性可做出初步诊断，确诊应依据病毒分离与鉴定。

【防治措施】 控制传染源，消灭昆虫等媒介，严格执行兽医卫生防疫制度。

【诊治注意事项】 炎热季节做好兔舍蚊蝇消灭工作。

（六）黏液瘤病

黏液瘤病是由黏液瘤病毒引起的一种高度接触性、致死性传染病。其特征为全身皮下，尤其是头面部和天然孔周围皮下发生黏液瘤性肿胀。

【病　原】 病原体是黏液瘤病毒。不同病株所致病变不尽相同。

【流行特点】 自然条件下只感染家兔和野兔，病兔是主要的传染源，健康兔与病兔或其污染的饲料、用具、饮水等接触即可感染。但主要传播方式是以节肢动物特别是蚊虫和跳蚤等吸血昆虫为媒介。一年四季均可发生，但在蚊虫大量滋生的季节多发。

【症状与病变】 最急性：出现眼睑肿胀后 1 周内死亡。急性：感染后 6～7 天出现全身性肿瘤，眼睑肿胀，黏液脓性结膜炎，8～15 天死亡。慢性：轻度水肿及少量鼻漏和眼垢，还有界限明显的结节，表现症状较轻，死亡率低。本病最突出的病变是皮肤肿瘤和皮下显著水肿，尤其是颜面部和天然孔周围的肿胀。组织检查，可见典型的黏液瘤病的病理变化。

【诊断要点】 根据皮肤黏液瘤的眼观和组织学病变可做出初步诊断，如欲确诊应分离黏液瘤病毒。

【防治措施】

1. 预防　①加强检疫，严禁从有本病的国家进口兔和未经消毒的兔产品，以防本病传入。一旦发生本病，立即扑杀处理，并彻底消毒。②严防野兔进入饲养场。③做好兔场清洁卫生工作，防止吸血昆虫叮咬家兔。④用黏液瘤病毒灭活菌进行预防注射。

2. 治疗　无有效的治疗方法。

【诊治注意事项】 我国目前尚未发现本病的发生，为此从国外引种时要严格检疫，防止本病传入我国。

（七）兔纤维瘤

兔纤维瘤病是由兔纤维瘤病毒引起家兔和野兔的一种良性肿

瘤病。其特征为皮下或黏膜下结缔组织形成结块状纤维瘤。

【病 原】兔纤维瘤病毒为双股DNA病毒，病毒颗粒呈砖形。

【流行特点】一般只有家兔和野兔具有易感性。主要通过间接接触而感染，不经过胎盘及乳汁而引起垂直传播。自然界中，蚊子、跳蚤等吸血昆虫可以参与传播本病。本病一般为良性经过，病兔康复后具有坚强的免疫力，对黏液瘤病也有抵抗力。

【症状与病变】自然感染病兔，食欲正常，精神良好，多在腿、脚、面部或其他部位皮下形成坚实的结节或团块状圆形肿瘤，肿瘤单发或多发，常具滑动性。有的病兔外生殖器充血、水肿。一般成年兔的肿瘤为良性经过，但幼兔也可引起死亡。剖检见位于皮下的肿瘤质硬，大小不等，界限较明显，一般无炎症或坏死反应。组织学检查，肿瘤主要是由梭状的纤维瘤细胞组成的。

【诊断要点】吸血昆虫繁殖季节多发。根据症状和病理变化可做出初步诊断，确诊需做病理切片，或对易感兔进行病料接种实验。

【防治措施】

1. 预防 引入种兔应严格检疫，隔离观察，证明无病后方可入群饲养。杜绝病原传入并防止野兔及吸血昆虫进入兔舍。发现病兔立即扑杀，尸体深埋或焚烧，兔舍、兔笼、用具等严格消毒。流行区兔群可用兔纤维瘤病毒疫苗进行免疫接种。

2. 治疗 无有效的治疗方法。

【诊治注意事项】本病一般为良性经过，病兔康复后具有坚强的免疫力，对黏液瘤病也有抵抗力。

（八）兔流行性小肠结肠炎

兔流行性小肠结肠炎是兔的一种新的胃肠道疾病，1996～1997年发生于法国的西部地区一些兔场，以严重水样腹泻为特征的新型传染病，可以广泛传播，1998年已蔓延至法国的不

少地区。

【病　原】1998 年 Licois 等通过电子显微镜从发病动物胃肠道的纯化产物中观察到了健康动物中没有的均质颗粒，支持了该病为病毒病原的假说。

【流行特点】不同品种不同品系的兔均可发生，主要侵害6～8 周龄育肥兔，常在断奶后发生，也可见于成年兔，野兔不感染，但饲养野兔可发病。动物接触性传染，也可通过污染饲料传播，传播迅速。本病与兔球虫有协同致病作用，即在有球虫感染的兔场可增加本病的发病率和死亡率。

【症状与病变】发病兔严重精神沉郁，黏膜苍白，水样腹泻，肛门有水样粪便污染。患兔体温不高，采食减少，腹部膨胀，极度口渴，多因脱水而死亡，死亡率达 30%～80%。病变主要分布在整个肠道以及胃，胃肠膨气，胃内容物为液体，同时伴有盲肠麻痹，肠道特别是结肠和小肠有黏液渗出，大部分病例肠内含有大量半透明的黏液，但盲肠肉眼可见病变。

【诊断要点】6～8 周龄的兔易发；本病在临床症状和病理变化上都没有特征性的变化，确诊需分离病原体等综合性诊断，目前尚无可靠的诊断方法。

【防治措施】

1. 预防　目前对本病的病原体尚无确定，所以本病尚无可靠的治疗方法。预防可在饲料中添加杆菌肽锌或泰莫林，可以降低发病率和死亡率。目前我国还没有发生本病的报道，所以在贸易往来和引进兔种时要高度重视，避免引入本病。

2. 治疗　可在饲料中添加杆菌肽锌或泰莫林，按药物说明进行用药。

【诊治注意事项】注意与球虫、魏氏梭菌、克雷伯氏菌以及致病的大肠杆菌等引起急性肠炎做鉴别。

三、真菌性传染病

(一)毛癣菌病

毛癣菌病是由致病性皮肤癣真菌感染表皮及其附属结构(如毛囊、毛干)而引起的疾病，其特征为皮肤局部脱毛、形成痂皮甚至溃疡。除兔外，本病也可感染人、多种畜禽以及野生动物。兔群一旦感染，很难彻底治愈，是目前为害兔业发展的主要疾病之一。

【病 原】 须发癣菌是引起毛癣菌病最常见的病原体，石膏状小孢菌、犬小孢子菌等也可引起。

【流行特点】 本病多由引种不当所致。引进的隐形感染者(青年兔或成年兔)不表现临床症状，待配种产仔后，仔兔哺乳被感染发病，青年兔可自愈，但常为带菌者。

【症状与病变】 仔兔多因哺乳带菌的母兔被感染，成同窝仔兔相继或同时发生，病初感染部位发生在头部，如嘴周围、鼻部、面部、眼周围、耳朵及颈部等皮肤，继而感染肢端、腹下和其他部位，患部皮肤形成不规则的块状或圆形、椭圆形脱毛与断毛区，覆盖一层灰白色糠麸状痂皮，并发生炎性变化，有时形成溃疡。患兔剧痒，骚动不安，采食下降。逐渐消瘦，或继发感染使病情恶化而死亡。本病虽可自愈，但成为带菌者，严重影响生长及毛皮质量。

【诊断要点】 ①有从感染本病兔群引种史。②仔、幼兔易发，成年兔常无临诊症状但多为带菌者，成为兔群感染源。③皮肤的特征病变。④刮取皮屑检查，发现真菌孢子和菌丝体即可确诊。

【防治措施】

1. 预防 引种要慎重。对供种场兔群尤其是仔、幼兔要严格调查，确信为无病的方可引种。引种时必须隔离观察至第一胎

仔兔断奶，确认出生后的仔兔无本病发生，才能将种兔混入兔群饲养。一旦发现兔群有患兔可疑，立即隔离治疗，最好做淘汰处理，并对所在环境进行全面彻底消毒。

2. 治疗 由于本病传染快，治疗效果虽然较好但易复发，目前尚未有效的治疗方法，为此，作者强烈建议以淘汰为主。对初生仔兔全身涂抹克霉唑制剂可以有效预防仔兔的发生。局部治疗先用肥皂或消毒药水涂搽，以软化痂皮，将痂皮去掉，然后涂擦2%咪康唑软膏或益康唑霉菌软膏等，每天涂2次，连涂数天。全身治疗：口服灰黄霉素，按每千克体重25～60毫克，每天1次，连服15天，停药15天再用15天。

【诊治注意事项】 本病可传染给人，尤其是小孩、妇女，因此应注意个人防护工作。注意与螨病作鉴别。螨病各种年龄兔均可发生，发生部位主要在耳内（痒螨）、耳边缘和爪部等，使用伊维菌素等药物治疗效果明显。毛癣菌病主要感染仔幼兔，各种部位均可感染，治疗后极易发作。

（二）曲霉菌病

曲霉菌病主要是由烟曲霉引起的家兔一种深部霉菌病。其特征是呼吸器官（尤其是肺和支气管）发生霉菌性炎症，以幼龄兔最为常见。

【病　原】 主要为烟曲霉，有时为黑曲霉。霉菌及其孢子中的毒素是致病的主要原因。霉菌和产生的孢子广泛存在于稻草、谷物、木屑、发霉的饲料及地面、用具和空气中。

【流行特点】 幼龄兔对烟曲霉比较敏感，常成窝发生，成年兔很少发生。产窝内垫草潮湿、闷热、通风不良极易产生烟曲霉孢子，这是引起本病的主要传染源。严重污染时仔兔出生后不久即可感染。发霉饲料也可引起本病。

【症状与病变】 急性病例很少见。多见于仔兔，常成窝发生。慢性病例时病兔逐渐消瘦，呼吸困难，且日益加重，症状明显后几星期内死亡。剖检时，在肺部可见粟粒大的圆形结节，其中为干酪样物，周围为红晕；或在肺中形成边缘不整齐的片状坏死区。

【诊断要点】 仔兔呈全窝发病，仅依据临诊难以确诊。确诊需做组织切片，并取材检查曲霉菌。

【防治措施】

1. 预防 本病以预防为主。放入产箱内的垫料应清洁、干燥，不含霉菌孢子；不喂发霉饲料；兔舍内保持干燥、通风。

2. 治疗 本病目前尚无有效的治疗方法。可试用两性霉素B或克霉唑。

【诊治注意事项】 本病症状不特异，故生前诊断须慎重。死后可用病理组织学诊断或病原学检查。

四、其他传染病

（一）兔密螺旋体病

兔密螺旋体病俗称兔梅毒，是由兔密螺旋体引起的成年兔的一种慢性传染病。

【病 原】 兔密螺旋体呈革兰氏染色阴性的细长螺旋形微生物。病原主要存在于病兔的病组织中，由于染色不良而常用姬姆萨、碳酸复红与镀银染色法，如姬姆萨染色呈玫瑰红色。本病原微生物只感染兔，其他动物不受感染。

【流行特点】 本病只发生于家兔和野兔，病原体主要存在于病变部组织，主要通过配种经生殖器传播，故多见于成兔，青年兔、幼兔很少发生。育龄母兔发病率比公兔高，放养兔比笼养兔发病率高，发病的兔几乎无一死亡。

【症状与病变】 潜伏期为2～10周。病兔精神、食欲、体温均正常，主要病变为母兔阴唇、肛门皮肤和黏膜发生炎症、结节和溃疡。公兔阴囊水肿，皮肤呈糠麸样。阴茎水肿，龟头肿大，睾丸也会发生病变。通过搔抓病部，可将其分泌物中的病原体带至其他部位，如鼻、唇、眼睑、面部、耳等处。慢性者导致患部呈干燥鳞片状病变，被毛脱落。腹股沟与腘淋巴结肿大。母兔病后失去配种能力，受胎率下降。

【诊断要点】 成年兔多发，放养兔较笼养兔易发。发病率高，但几乎无死亡。根据外生殖器的典型病变可做出初步诊断，确诊应依病原体的检出。

【防治措施】

1. 预防 定期检查公母兔外生殖器，对患兔或可疑兔停止配种，隔离治疗。重病者淘汰，并用1%～2%烧碱或3%来苏儿对兔笼用具、环境进行消毒。引进的种兔，隔离饲养1个月，确认无病后方可入群。

2. 治疗 ①新砷凡纳明，每千克体重40～60毫克，用生理盐水配成5%溶液，耳静脉注射。一次不能治愈者，间隔1～2周重复1次。配合青霉素，效果更佳。②青霉素每千克体重2万～4万单位，每天2次肌内注射，连用3～5天，局部可用2%硼酸溶液、0.1%高锰酸钾溶液冲洗后，涂搽碘甘油或青霉素软膏。治疗期间停止配种。

【诊治注意事项】 注意与外生殖器官一般炎症、疥螨病鉴别。用新砷凡纳明进行静脉注射时，切勿漏出血管外，以防引起坏死。

（二）兔衣原体病

兔衣原体病又称鹦鹉热，是由鹦鹉热衣原体引起的家兔、野兔的一种传染病。临床上以肺炎、纤维素性肠炎、结膜炎、流产、多发性关节炎、脑脊髓炎与尿道炎等为特征。

【病　原】 鹦鹉热衣原体属衣原体属、衣原体科，只能在活的细胞内繁殖。哺乳动物、鸟类、野禽、野兽、家禽与家畜是衣

原体的自然宿主。病原对外界抵抗力不强，70%酒精、3%过氧化氢、0.2%甲醛等可很快将其杀灭。但比较耐低温，4℃存活5天，0℃下存活数周，-20℃下能存活数年。

【流行特点】本病经呼吸道、口腔及胎盘感染。螨、虱、蚤与蜱为传播媒介。各品种的兔与各年龄的兔均可感染发病，但以6～8周龄的兔发病率最高，长毛兔多发。本病一年四季均可发生，呈地方性流行或散发。家兔营养不良，过度拥挤，长途运输，患细菌性或原虫性疾病，环境污染等应激状态，可导致发病而大批死亡。

【症状与病变】

1. 肺炎型 高热，精神沉郁，食欲下降，咳嗽，鼻炎，流浆液性分泌物。剖检可见肺的尖叶、心叶及膈叶充血与硬变，肺小叶间中隔增厚，外观似大理石状。气管与支气管黏膜充血、出血，肝脏脂肪变性、坏死，易碎裂。脾肿大。

2. 肠炎型 多发生于断奶幼兔。表现为水样腹泻，消瘦，脱水，低热，嗜中性白细胞增多，多形核中性白细胞减少，发生急性死亡。剖检可见胃肠道前段充满液体，结肠内有大量澄清、黏液性内容物，肠系膜淋巴结肿大，脾萎缩，还可见到肺炎与结膜炎的病变。

3. 脑膜炎型 病兔发热，沉郁，不食，虚弱，口腔流涎，四肢无力，关节肿大，卧地，四肢呈划水状，角弓反张，最后出现麻痹症状，3天之内死亡。剖检可见纤维蛋白性脑膜炎、胸膜炎和心包炎病变。脑膜和中枢神经系统血管充血、发炎、水肿。脾和淋巴结肿大，有的发生大叶性肺炎病变等。

4. 流产型 妊娠母兔发生流产或产死胎、弱胎或产期推迟1～2天。剖检可见母兔子宫内膜及阴道黏膜发炎，出血。胎儿水肿，皮下及肌肉出血等。

【诊断要点】根据临床、病理变化，仅能怀疑本病，确诊需进行病原体分离。

【防治措施】

1. 预防 兔场严禁饲养其他动物，防止禽类进入兔舍，消灭各种吸血昆虫和老鼠。引进种兔要严格检疫。平时也可用金霉素、土霉素等拌入料中或水中让兔自食与自饮，进行药物预防。

2. 治疗 ①金霉素，每千克体重40毫克，2次/天，肌内注射，连用5天；或混入饲料内喂服：或以0.02%～0.03%混入水中自饮，连用5～7天，停药3天，再用药一个疗程。②土霉素，按每千克体重30～50毫克内服，2次/天。③四环素，每只每次内服100～200毫克，2次/天，连用4天。流产母兔可用0.1%高锰酸钾溶液冲洗产道，然后放入金霉素胶囊，1次/天。同时注意支持疗法与对症治疗，方能收到良好的效果。

【诊治注意事项】 注意与兔布鲁氏菌病、兔肺炎克雷伯氏菌病及兔李氏杆菌病做鉴别。

（三）支原体病

支原体病是由支原体引起的家兔的一种慢性呼吸道传染病。临床上以呼吸道和关节的炎症反应为主要特征。

【病　原】支原体曾称霉形体，广泛存在于土壤、污水和组织培养物中，可从家兔的鼻咽、结膜和呼吸道分离，是一种呼吸道寄生菌。支原体对外界环境的抵抗力不强，耐低温，不耐热，常用消毒剂均可将其杀灭。对青霉素、先锋霉素有抵抗力，对四环素、强力霉素、红霉素、螺旋霉素、链霉素较敏感。

【流行特点】本病经呼吸道传播，也可通过内源感染，各种年龄与品种的兔都有易感性，但以幼龄兔发病率最高，长毛兔易感性最强。一年四季均可发生，多发于早春和秋冬寒冷季节。兔舍、空气及环境污染，天气突变，受寒感冒，饲养管理不良等，可诱发本病。

【症状与病变】 病兔流黏液性或浆液性鼻液，打喷嚏，咳嗽，呼吸促迫，喘气，食欲减少，精神沉郁，不愿意活动。有的

病兔四肢关节肿大，屈曲不灵活。剖检可见肺的心叶、尖叶、中间叶和膈叶前缘水肿、气肿和肝变。支气管内有带泡沫的黏液。其他脏器病变不明显。

【诊断要点】根据临床症状，病理变化可做初步诊断，确诊需做微生物学检查。

【防治措施】

1. 预防 加强饲养管理，搞好兔舍与环境卫生，防止家兔受寒感冒，消除各种应激因素。未发病兔群可用治疗药物拌料内服或饮水，进行药物预防。

2. 治疗 ①卡那霉素，每千克体重 10～20 毫克肌内注射，每天 2 次，连用 5 天。同时用 0.006%～0.01%土霉素，供拌料或饮水。②四环素，每千克体重 30～50 毫克肌内注射，每天 2 次，连用 5 天。应用支原净、泰乐菌素、林可霉素、2.5%恩诺沙星与乙基环丙沙星注射液治疗，也有良好的疗效。

（四）疏螺旋体病

疏螺旋体病又称“莱姆病”，是由伯氏疏螺旋体引起的经蜱传播的一种自然疫源性人兽共患传染病。其特征为叮咬性皮损伤、发热、关节肿胀疼痛、脑炎和心肌炎。

【病　原】为革兰氏染色阴性，用姬姆萨染色良好，呈弯曲的螺旋状，平均长为 30 微米，直径为 0.2～0.4 微米。在暗视野下可见菌体能做扭曲运动和翻转运动。本菌对青霉素、四环素及红霉素敏感，对新霉素、庆大霉素与卡那霉素不敏感。

【流行特点】伯氏疏螺旋体贮存宿主主要是鼠类。自然宿主包括牛、羊、马、狗、猫、鹿、浣熊、山狗、野兔、狼、狐、金花鼠和人类等。蜱类是主要传播媒介，又是传染源。现已发现硬蜱属通过媒介蜱和吸血昆虫的叮咬而传染，也可通过直接接触而水平传播，或随蜱类粪便污染创口而感染。本病的发生有明显的季节性，多见于 6～9 月份。常呈地方性流行。蜱类、吸血昆虫及鼠类数量多、活动范围广的山区和林区易引起本病的发生与流行，因而具有明显的地区性。

【症状与病变】 家兔感染后潜伏期为3～32天。发病时出现体温升高，精神沉郁，嗜睡，不食，关节肿胀疼痛，不愿走动。当神经系统、心血管系统及肾脏受到侵害时，则出现相应的临床症状。局部皮肤肿胀、过敏等。剖检可见兔四肢关节肿大，关节囊增厚，含有多量的淡红色滑液。全身淋巴结肿胀，出现心肌炎及肾小球肾炎等。

【诊断要点】 ①6～9月多发。②关节肿胀疼痛等临床症状。③实验室诊断。

【防治措施】

1. 预防 首先要彻底消灭蜱类、吸血昆虫和鼠类，清除传染源，控制传播媒介。夏、秋季节可用驱避剂与杀虫药驱逐与杀灭蜱类和吸血昆虫，效果良好。

2. 治疗 早期治疗效果较好，晚期治疗疗效不佳。①青霉素，每只每次肌内注射5万～10万单位，每天2次，连用5天。②四环素，每只100～200毫克，分2次内服，连用5天。③红霉素，每只50～100毫克肌内注射，每天3次，连用5天。④强力霉素，每千克体重5～10毫克，每天内服1次，连用5天。⑤先锋霉素Ⅱ，每千克体重20毫克，肌内注射，每天2次，连用6天。同时对症治疗，才可收到良好效果。

【诊治注意事项】 本病属人兽共患病，工作人员要穿防护服，严密消毒，注意自身防护，以防感染。

（五）流行性腹症病

流行性腹症病是由许多致病因素（如饲养管理不当、气候多变等）引起的以食欲下降或废食、腹部膨大、迅速死亡等为特征的胃肠道疾病。近年来，此病发生呈大幅上升的趋势，对养兔业造成严重经济损失。

【病　因】 目前尚不完全清楚，但与以下因素有关。①饲养管理不当，包括饲料配方不当，如精料过多、粗纤维不足；饲喂量过多，不定时定量；突然更换饲料配方；饲料霉变等；②气候多变，兔舍温度低，或忽高忽低。③感染一些病原菌如 A 型魏氏梭菌、大肠杆菌、沙门氏菌等。

【症状与病变】 断奶至 3 月龄的兔多发。病初食欲下降，精神不振，卧于一角，不愿走动，渐至不吃料，腹胀。粪便起初变化不大，后期粪便渐少，病后期以排黄色、白色胶冻样黏液为主。部分兔死前少量腹泻，有的甚至无腹泻表现而死。摇动兔体，有响水声（系由胃、肠内容物呈水样所致）。腹部触诊，前期较软，后期较硬，部分兔腹内无硬块。剖检见死兔腹部膨大。胃臌胀，胃内容物稀薄或呈水样，小肠内有气体和液体。盲肠内充气，内容物较多，有的质地较硬甚至干硬成块状。结肠至直肠多数充满胶冻样黏液。膀胱充盈。

【诊断要点】 ①断奶至 3 月龄兔易发病；②气候、环境和饲料配方、饲喂制度等变化；③腹胀等症状及胃、肠等特征性病变。

【防治措施】

1. 预防 ①注意饲料配方和饲料质量。配方要合理并保持相对稳定。饲料无霉变。幼兔饲喂要定时定量。②加强管理。断奶时原笼饲养。兔舍温度要保持恒定，切忌忽冷忽热。③兔群应定期注射魏氏梭菌和大肠杆菌等菌苗。

2. 治疗 一旦有发病兔子，及时隔离并消毒兔笼，控制饲喂量。将患病兔放在庭院或旷广的地方自由活动，饲喂优质青干草，部分兔可康复。也可在饲料中添加杆菌肽锌、恩拉霉素、恩诺沙星、复方新诺明、溶菌酶＋百肥素等药物，同时在饮水中添加电解多维等。

【诊疗注意事项】 本病治疗效果差，应以综合预防为主。

（任克良）

第六章

寄生虫病

一、原 虫 病

(一)球 虫 病

兔球虫病主要是由艾美尔属的多种球虫引起的一种对幼兔危害极其严重的原虫病，其特征为腹泻、消瘦及球虫性肝炎和肠炎。该病被我国定为二类动物疫病。

【病原及发育史】 侵害家兔的球虫约有10多种。除斯氏艾美尔球虫寄生于肝脏胆管上皮细胞外，其他种类的球虫均寄生于肠上皮细胞。不同球虫形态各异。

球虫发育史分为三个阶段:(1)无性繁殖阶段：球虫寄生部位(上皮细胞内)以裂殖法进行增殖。(2)有性繁殖阶段：以配子生殖法形成雌性细胞(大配子)和雄性细胞(小配子)，雌雄细胞融合成合子。这一阶段也在宿主上皮细胞内完成。(3)孢子生殖阶段：合子变为卵囊，卵囊内原生质团分裂为孢子囊和子孢子。该阶段在外界环境中完成。

寄生在上皮细胞的球虫，发育至一定阶段即形成卵囊。卵囊从破坏了的细胞中落入宿主肠道中随同粪便一起排至外界。在良好的环境(适宜的温度、湿度和充分的氧气)中，经过几昼夜，卵囊内就形成四个孢子囊，每个孢子囊内包含着两个香蕉状的子

孢子，此时即成为侵袭性卵囊。当家兔经口吃入侵袭性卵囊后，子孢子在肠道破囊而出，随即侵入上皮细胞变成圆形的裂殖体。裂殖体在上皮细胞内发育形成很多裂殖子后，上皮细胞遭到破坏，裂殖体从破坏了的细胞内逸出，又侵入新的上皮细胞内，以同样的裂殖体破坏新的上皮细胞。如此反复多次进行无性繁殖，使上皮受到严重破坏，从而引起发病。

无性生殖一般进行三代以后，就出现有性生殖（配子生殖）。此时裂殖体形成配子而不是裂殖体。在形成配子的过程中，首先产生小配子体和大配子体。小配子体的核分裂多次，以后每个核周围出现原生质，最后分裂成为很多小配子（即雄性细胞）。一个大配子体只形成一个雌性细胞（即大配子）。两性细胞成熟后，小配子进入大配子内并与之结合成为合子。合子迅速形成一层被膜，即成为通常粪便检查时所见的卵囊。卵囊到外界又进行孢子生殖，子孢子侵入宿主体内又重复以上的发育。

【流行特点】 兔是兔球虫病的唯一自然宿主。本病一般在温暖多雨的季节流行，在南方早春及梅雨季节高发，北方一般在7～8月份，呈地方性流行。所有品种的家兔对本病都有易感染性。成年兔受球虫的感染强度较低，因有免疫力，一般都能耐过。断奶到5月龄的兔最易感染。其感染率可达100%，患病后幼兔的死亡率也很高，可达80%左右。耐过的兔长期不能康复，生长发育受到严重影响，一般可减轻体重12%～27%。

成年兔、兔笼和鼠类等在球虫病的流行中起着很大的作用。球虫卵囊对化学药品和低温的抵抗力很强，但在干燥和高温条件下很容易死亡，如在80℃热水中10秒钟，在沸水中立即死亡。紫外线对各发育阶段的球虫均有较强的杀灭作用。

【典型症状】 根据病程长短和强度可分为：最急性，病程3～6天，家兔常死亡；急性，病程1～3周；慢性，病程1～3月龄。

根据发病部位可分为肝型、肠型和混合型3种类型。肝型球虫病的潜伏期为 18～21 天，肠型球虫病的潜伏期依寄生虫种不同在 5～11 天之间。除人工感染外，生产实践中球虫病往往是混合型。

病初食欲降低，随后废绝，伏卧不动，精神沉郁，两眼无神，眼鼻分泌物增多，贫血，下痢，幼兔生长停滞。有时腹泻或腹泻与便秘交替出现。病兔因肠臌气，肠壁增厚，膀胱积尿，肝脏肿大而出现腹围增大，手叩似鼓。家兔患肝球虫病时，肝区触诊疼痛；肝脏严重损害时，结膜苍白，有时黄染。病至末期，幼兔出现神经症状，四肢痉挛，头向后仰，有时麻痹，终因衰竭而死亡。

【病理变化】 肝脏变化：可见肝肿大，表面有粟粒至豌豆大的圆形白色或淡黄色结节病灶，沿小胆管分布。切面胆管壁增厚，管腔内有浓稠的液体或有坚硬的矿物质。胆囊肿大，胆汁浓稠、色暗。腹腔积液。急性期，病兔肝脏极度肿大。较正常肿大 7 倍。慢性肝球虫病，其胆管周围和肝小叶间部分结缔组织增生，肝细胞萎缩（间质性肝炎），胆囊黏膜有卡他性炎，胆汁浓稠，内含崩解的上皮细胞。镜检有时可发现大量的球虫卵囊。

肠管变化：病变主要在十二指肠、空肠、回肠和盲肠等部。可见肠壁血管充血，肠黏膜充血并有点状溢血。小肠内充满气体和大量黏液，有时肠黏膜覆盖有微红色黏液。慢性病例，肠黏膜呈淡灰色，肠黏膜上有许多小而硬的白色结节（内含大量球虫卵囊）和小得化脓性、坏死病灶。有的盲肠壁有小脓肿。

【诊断要点】 ①温暖潮湿环境易发；②幼龄兔易感染发病，病死率高；③主要表现腹泻、消瘦、贫血等症状；④肝、肠特征的结节状病变；⑤检查粪便卵囊，或用肠黏膜、肝结节内容物及胆汁作涂片，检查卵囊、裂殖体与裂殖子等。具体方法：滴 1 滴 50%甘油水溶液于载玻片上，取火柴头大小的新鲜兔粪便，用竹签加以涂布，并剔掉粪渣，盖上盖玻片，放在显微镜下用低倍镜（10 倍物镜）检查。饱和盐水漂浮法的操作方法：取新鲜兔粪

5～10 克放入量杯中，先加少量饱和盐水将兔粪捣烂混匀，再加饱和盐水到 50 毫升。将此粪液用双层纱布过滤，滤液静置 15～30 分钟，球虫卵即浮于液面，取浮液镜检。相对地，饱和盐水漂浮法检出率更高。

另外，还可在剖检后取肠道内容物、肠黏膜、结节等进行压片或涂片，用姬姆萨氏液染色，镜检如发现大量的裂殖体、裂殖子等各型虫体也可确诊。

【防治措施】

1. 预防　①实行笼养，大小兔分笼饲养，定期消毒，保持室内通风干燥。②兔粪尿要堆积发酵，以杀灭粪中卵囊。病死兔要深埋或焚烧。兔青饲料地严禁用兔粪作肥料。③定期对成年兔进行药物预防。④ 17～90 日龄兔饲料或饮水中添加抗球虫药物。氯苯胍，按 0.015% 混饲；托曲珠利（甲基三嗪酮），按 0.001 5% 饮水，连用 21 天。地克珠利（氯嗪苯乙氰），饲料和饮水中按 0.000 1% 添加。

2. 治疗　发生本病可按以上药物加倍剂量用药，其中托曲珠利治疗剂量为 0.002 5% 饮水，连喂 2 天，间隔 5 天，再用 2 天。

【诊治注意事项】注意球虫引起的肝结节与豆状囊尾蚴、肝毛细线虫等引起的肝病变鉴别。预防用抗球虫药物要经常轮换使用药或交替使用，以防产生抗药性。

（二）弓形虫病

弓形虫病是由龚地弓形虫引起人兽共患的一种原虫病，呈世界性分布，家兔也可被感染。

【病　原】 龚地弓形虫，寄生于细胞内，按其发育阶段有 5 种形态：滋养体、包囊、裂殖体、配子体和卵囊。滋养体和包囊位于中间宿主（人、家畜、鼠等）体内，其他形态只存在于终末宿主（猫）体内。家兔吃了被猫粪污染的含有弓形虫卵囊的饲料而发病。

【流行特点】 猫是人和动物弓形体病的主要传染源。卵囊随猫粪便排出后发育成具有感染能力的孢子化卵囊，卵囊通过消化道，呼吸道与皮肤等途径侵入体内。也可通过胎盘感染胎儿。

【症状与病变】 急性病例主要见于仔兔，表现突然不食，体温升高，呼吸加快，眼鼻有浆液性或黏脓性分泌物，嗜睡，后期有惊厥、后肢麻痹等症状，约在发病后 2～9 天死亡。慢性病例多见于老龄兔，病程较长，食欲不振，消瘦，后躯麻痹。有的会突然死亡，但多数可以康复。剖检见坏死性淋巴结炎、肺炎、肝炎、脾炎、心肌炎和肠炎等变化。慢性病变不大明显，但组织上可见非化脓性脑炎和细胞中的虫体。

【诊断要点】 ①兔场及其附近有养猫史；②多脏器特征的坏死病变；③间质性肺炎与非化脓性脑炎，有的巨噬细胞中可发现虫体。发现虫体即可确诊。

【防治措施】

1. 预防 兔场禁止养猫并严防外界猫进入兔场。注意不使兔饲料、饮水被猫粪便污染。留种时须经弓形体检查，确为阴性者方可留用。

2. 治疗 磺胺类药物对本病有较好的疗效。磺胺嘧啶，按每千克体重 70 毫克，联合乙胺嘧啶，按每千克体重 2 毫克，首次量加倍，每天 2 次内服，连用 3～5 天。

【诊治注意事项】 病理检查在本病诊断上起重要作用，而症状仅作为参考。注意与内脏有坏死或结节病变的疾病（野兔热、李氏杆菌病、泰泽氏病、结核病、伪结核病、沙门氏菌病等）鉴别。治疗应在发病初期及时用药。注意饲养管理人员个人防护。

（三）脑炎原虫病

兔脑炎原虫病是由兔脑炎原虫引起，一般为慢性、隐性感染，常无症状，有时见脑炎和肾炎症状。

【病　原】 兔脑炎原虫的成熟孢子呈杆状，两端钝圆，或呈

卵圆形。

【流行特点】 本病广布于世界各地。病兔的尿液中含有兔脑炎原虫。主要感染途径为消化道、胎盘，秋冬季节多发。感染率为 15%～76%。

【症状与病变】 通常呈慢性或隐性感染，常无症状，有时可发病，秋冬季节多发，各年龄兔均可感染发病，见脑炎和肾炎症状，如惊厥、颤抖、斜颈、麻痹、昏迷、平衡失调、蛋白尿及腹泻等。剖检见肾表面有白色小点或大小不等的凹陷状病灶，病变严重时肾表面呈颗粒状或高低不平。

【诊断要点】 根据肾脏的眼观变化及肾、脑的组织变化做诊断。肾、脑可见淋巴细胞与浆细胞肉芽肿，肾小管上皮细胞和脑肉芽肿中心可见脑炎原虫。也可见到淋巴细胞性心肌炎及肠系膜淋巴结炎。

【防治措施】

1. 预防　加强饲养管理，严把引种关，定期消毒。

2. 治疗　目前尚无有效的治疗药物，可试用芬苯达唑或土霉素。淘汰病兔，加强防疫和改善卫生条件有利于本病的预防。

【诊治注意事项】 本病生前诊断很困难，因为神经症状和肾炎症状很难与本病联系在一起。注意与有斜颈症状的疾病（如李氏杆菌病、巴氏杆菌病等）鉴别。病原体的形态与弓形虫有一定相似，注意鉴别，但革兰氏染色脑炎原虫呈阳性，弓形虫呈阴性；苏木精－伊红染色时，脑炎原虫不易着色，而弓形虫则可着色。

（四）住肉孢子虫病

住肉孢子虫病是由兔住肉孢子虫引起的在肌肉形成包囊为特征的疾病。

【病原及生活史】 多发生于白尾灰兔。住肉孢子虫在宿主的肌肉中形成包囊。兔的住肉孢子虫，包囊长达 5 毫米，其内充满了滋养体。滋养体呈香蕉形，一端稍尖，大小通常为12～18毫米×4～5毫米。

【症状与病变】轻度或中度感染的兔不显症状，感染很严重的可能出现跛行。剖检病变见于心肌和骨骼肌，特别是后肢、侧腹和腰部肌肉。顺着肌纤维方向有多数白色条纹住肉孢子虫。显微镜观察，肌纤维中虫体呈完整的包囊状，周围组织一般不伴有炎性反应。

【诊断要点】通过剖检和组织学检查可对本病做出确诊。

【防治措施】

1. 预防 本病的传播方式虽不够清楚，但应将家兔与白尾灰兔隔离饲养，可减少或避免本病的发生。

2. 治疗 目前尚无有效的治疗方法。

【诊治注意事项】本病应重点做好预防工作。

（五）蛲虫病

兔蛲虫病是由栓尾线虫寄生于兔的盲肠和结肠所引起的一种感染率较高的寄生虫病。

【病　原】栓尾线虫呈白线头样，成虫长5～10毫米，寄生在盲肠和结肠。

【流行特点】本病分布广泛，獭兔多发。

【症状与病变】少量感染时，一般不表现症状。严重感染时，表现心神不定，当肛门有蛲虫活动或雌虫在肛门产卵时，病兔表现不安，肛门发痒，用嘴啃肛门处，采食，休息受影响，食欲下降，精神沉郁，被毛粗乱，逐渐消瘦，下痢，可发现粪便中有乳白色似线头样栓尾线虫。剖检见大肠内也有栓尾线虫。严重感染兔，肝脏、肾脏呈土黄色。

【诊断要点】獭兔多发。根据患兔常用嘴舌啃舔肛门的症状可怀疑本病，在肛门处、粪便中或剖检时在大肠发现虫体即可确诊。

【防治措施】

1. 预防　①加强兔舍、兔笼卫生管理，对食盒、饮水用具定期消毒，粪便堆积发酵处理。②引进的种兔隔离观察1个月，确认无病方可入群。③兔群每年进行2次定期驱虫。可用丙硫苯咪唑或伊维菌素。

2. 治疗　①伊维菌素，有粉剂、胶囊和针剂，根据说明使用。②丙硫苯咪唑（抗蠕敏），每千克体重10毫克，口服，每天1次，连用2天。③左旋咪唑，每千克体重5～6毫克，口服，每天1次，连用2天。④哌嗪、芬苯达唑。

【诊治注意事项】 本病容易诊断。虽然致死率极低，但对兔的休息和营养利用影响较大，故应引起重视。

二、蠕 虫 病

（一）豆状囊尾蚴病

豆状囊尾蚴病是由豆状带绦虫－豆状囊尾蚴寄生于兔的肝脏、肠系膜和大网膜等所引起的疾病。

【病　原】 豆状带绦虫寄生于犬、狼、猫和狐狸等肉食兽的小肠内，成熟绦虫排出含卵节片，兔食入污染有节片和虫卵的饲料后，六钩蚴便从卵中钻出，进入肠壁血管，随血流到达肝脏。在钻出肝膜，进入腹腔，在肠系膜、大网膜等处发育为豆状囊尾蚴。豆状囊尾蚴虫体呈囊泡状，大小10～18毫米，囊内含有透明液和一个头节，具成虫头节的特征。

【流行特点】 本病呈世界性分布。各种年龄的兔均可发生。因成虫寄生在犬、狐狸等肉食动物的小肠内，因此，凡饲养有犬的兔场，如果对犬管理不当，往往造成整个群体发病。

【症状与病变】 轻度感染一般无明显症状。大量感染时可导致肝炎和消化障碍等表现，如食欲减退，腹围增大，精神不振，嗜睡，逐渐消瘦，最后因体力衰竭而死亡。急性发作可引起突然死亡。剖检见囊尾蚴一般寄生在肠系膜、大网膜、肝表面、膀胱等处浆膜，数量不等，状似小水泡或石榴籽。虫体通过肝脏的迁移导致肝纤维化和坏疽的发生。

【诊断要点】 兔场饲养有犬的兔群多发；生前仅以症状难以做出诊断，可用间接血凝反应检测诊断。剖检发现豆状囊尾蚴即可做出确诊。

【防治措施】

1. 预防 做好兔场饲料卫生管理；兔场内禁止饲养犬、猫或对犬、猫定期进行驱虫。驱虫药物可用吡喹酮，根据说明用药。带虫的病兔尸体勿被犬、猫食入。

2. 治疗 可用吡喹酮，每千克体重 10～35 毫克，口服，每天 1 次，连用 5 天。

【诊治注意事项】 凡养犬的兔场，本病发生率较高。兔群一旦检出一个病例，应考虑全群预防和治疗。

（二）连续多头蚴病

连续多头蚴病是由连续多头绦虫的中绦期幼虫——连续多头蚴寄生于兔的皮下、肌肉、脑、脊髓等组织中所引起一种疾病。

【病原及生活史】 成虫长约 70 厘米。头节上有顶突和 4 个吸盘，顶突上有 26～30 个小钩，子宫分枝，20～25 对，虫卵内含有六钩蚴。连续多头绦虫成虫寄生于犬科动物。主要中间宿主为兔和松鼠等啮齿类动物，人也偶然感染。成虫寄生于犬的小肠，虫卵随犬的粪便排出体外，污染饲料或饮水，被兔等中间宿主吞入，六钩蚴便在消化道内逸出，钻入肠壁，随血液循环到达皮下和肌间结缔组织，发育增大。当带有这种包囊的未经煮熟的兔肉再被犬食入后，犬即感染连续多头绦虫。

【症状与病变】 症状因幼虫寄生部位的不同而异。多数虫体包囊寄生于皮下，或肌间结缔组织，其直径可达 40～50 毫米，

有的可达网球大小，呈现相对自由活动的软肿特征。外部则表现为皮下肿块。如寄生于脑及脊髓，则可出现神经症状及麻痹。剖检在病兔的皮下，肌肉，尤其是外嚼肌、股肌、肩部、颈部和背部肌肉中，偶尔在体腔和椎管内可见樱桃大至鸡蛋大的结节。

【诊断要点】摸到特征性的、可移动的、位于皮下的包囊，可以推测为本病，确诊靠剖检或手术摘出到虫体。

【防治措施】

1. 预防　与豆状囊尾蚴病相同。

2. 治疗　与豆状囊尾蚴病相同，若虫体位于浅部，可采取外科手术摘除（但不要将包囊内容物流出）。

【诊治注意事项】人偶尔被幼虫感染而寄生于皮下或脑内，故接触犬粪应当心。

（三）棘球蚴病

棘球蚴病是由细粒棘球绦虫的幼虫寄生于兔体内的肝、肺等部位而引起的一种寄生虫病。

【病原及生活史】病原为细粒棘球绦虫的幼虫。虫体长为2～7毫米，由头节和3～4个节片组成。寄生于犬等动物小肠内的细粒棘球绦虫成熟后排出虫卵，虫卵直径30～36微米，外被一层辐射线条状的胚膜，里面含有六钩蚴，兔吞食了被虫卵污染的草和水，虫卵在消化道发育为幼虫，幼虫经血流到肝脏、肺脏等处生长为棘球蚴。

【症状与病变】轻度感染，一般不表现临床症状。由于棘球蚴生长缓慢，形状多种多样，大小、寄居部位不一，所以可引起不同的临床表现，主要为消瘦、黄疸、消化紊乱。棘球蚴寄生于肺时，则表现喘息和咳嗽。严重者表现腹泻，迅速死亡。剖检见棘球蚴主要寄生于实质器官，常见于肝脏，在肝脏形成豌豆至核桃大的囊泡，切开流出黄色液体，切面残留圆形腔洞，囊壁较厚，内膜上有白色颗粒样头节。

【诊断要点】 养兔场、户有养犬史。生前很难诊断，可采用间接血球凝集试验和酶联免疫吸附试验。死亡兔在脏器内查到细粒棘球蚴可确诊。

【防治措施】

1. 预防 养兔场、户禁止养犬或对犬定期内服吡喹酮，按每千克体重 5 毫克，一次内服。避免虫卵污染场地、饲草和饮水。

2. 治疗 可用吡喹酮，一般按每千克体重 50～100 毫克，一次口服。

【诊治注意事项】 本病易传播给人，接触病兔注意个人防护。

（四）肝片吸虫病

肝片吸虫病是由肝片吸虫寄生于肝脏胆管和胆囊内引起的一种家兔寄生虫病。其特征为肝炎导致的营养障碍和消瘦。

【病　原】 肝片吸虫，虫体扁平，呈柳叶状，长 20～30 毫米，宽 5～13 毫米。新鲜时呈棕红色。中间宿主为锥实螺。

【流行特点】 在家畜中以牛、羊发病率最高，兔也可发生，有地方性流行的特点，多发生在以饲喂青饲料为主的兔群中（青饲料多采集于低洼和沼泽地带）。

【症状与病变】 主要表现精神委顿，食欲不振，消瘦，衰弱，贫血和黄疸等。疾病严重时眼睑、颌下、胸腹部皮下水肿。剖检见肝脏胆管明显增粗，呈灰白色索状或结节状，突出于肝表面。胆管内常有虫体及糊状物，胆囊也可有虫体寄生。

【诊断要点】 ①多发生在以饲喂青饲料为主的兔群中（青饲料多采集于低洼和沼泽地带，易受幼虫感染），呈地方性流行特点；②肝脏特征变化（增生性胆管炎）；③粪便检查虫卵。

【防治措施】

1. 预防 注意饲草和饮水卫生，不喂沟、塘及河边的草和水。对病兔及带虫兔进行驱虫。驱虫的粪便应集中处理，以消灭虫卵。消灭中间宿主锥实螺。

2. 治疗　可选用如下药物：①硝氯酚，具有疗效高、毒性小、用量少等特点，按每千克体重3～5毫克，一次内服，3天后再服一次。② 10% 双酰胺氧醚混悬液，每次每千克体重100毫克口服。③丙硫苯咪唑（抗蠕敏），每千克体重3～5毫克，拌入饲料中喂给。④肝蛭净，每千克体重每次10～12毫克，口服。

【诊治注意事项】 流行特点仅供诊断参考，确诊应依据粪便虫卵检查和肝病检查的结果。注意与肝球虫病鉴别。用药7天内不得屠宰供人食用。

（五）血吸虫病

血吸虫病是由日本分体吸虫引起的一种严重危害人、畜的寄生虫病。广泛流行于长江流域和南方地区。但家兔为圈养或笼养，故较少发生。

【病　原】 病原体是日本分体吸虫。呈细线状，寄生于门静脉系统的小血管内；虫卵寄生于肝和肠。中间宿主为湖北钉螺。

【流行特点】 本病广泛流行于长江流域和南方地区。感染途径是食入带尾蚴的青草，尾蚴经唇部皮肤或口腔黏膜侵入而感染。

【典型症状与症状】 少量感染无明显症状。大量感染表现腹泻、便血、消瘦、贫血，严重时出现腹水过多，最后死亡。病理检查时见肝和肠壁有灰白色或灰黄色结节。慢性病例表现肝硬化，体积缩小，硬度增加，用刀不易切开。在门静脉和肠系膜静脉找到成虫。

【诊断要点】 ①流行于南方各省；②粪便中虫卵检查；③肝肠典型病变。

【防治措施】

1. 预防　采取综合防治措施，注意饮水卫生，不喂被血吸虫尾蚴污染的水草，做好粪便管理。

2. 治疗 发现病兔及早治疗。治疗人、畜血吸虫病的药物如六氯对二甲苯（血防 846）、硝硫氰胺、吡喹酮等可按说明使用于家兔。

【诊治注意事项】 本病的确诊要依靠粪便虫卵检查和病变组织检查。也可用血清学试验如间接血凝试验。注意与肝、肠结节病变的疾病鉴别。

三、外寄生虫病

（一）螨 病

兔螨病又称疥癣病，是由痒螨和疥螨等寄生于体表或真皮而引起的一种高度接触性慢性外寄生虫病，其特征为病兔剧痒、结痂性皮炎、脱毛和消瘦。

【病 原】 兔螨病病原为耳螨、毛螨和穴螨三大类螨虫。常见的耳螨为兔痒螨，虫体较大，肉眼可见，呈长圆形，大小0.5～0.9 毫米。常见的毛螨为寄食姬螨和囊凸牦螨，秋季恙螨和鸡刺皮螨是较为少见的毛螨。穴螨中的兔疥螨对兔群危害最大，也最为常见，虫体较小，肉眼勉强能见，圆形，色淡黄，背部隆起，腹面扁平。雌螨体长 0.33～0.45 毫米，宽 0.25～0.35 毫米；雄螨体长 0.2～0.23 毫米，宽 0.14～0.19 毫米。兔背肛螨较为少见。

【流行特点】 不同年龄的家兔都可以感染本病，但幼兔比成年兔易感性强，发病严重。主要通过健兔和病兔接触而感染，也可由兔笼，饲槽和其他用具而间接传播。日光不足、阴雨潮湿及秋冬季节最适于螨的生长繁殖，可促进本病的发生。

【症状与病变】

1. 痒螨病 由痒螨引起。主要寄生在耳内，偶尔也可寄生于其他部位，如会阴的皮肤皱襞。病兔频频甩头，检查耳根、外

耳道内有黄色痂皮和分泌物，病变蔓延中耳、内耳甚至脑膜炎时，可导致斜颈、转圈运动、癫痫等症状。

2. 毛螨病　主要寄生于背部和颈部的角质层，但其并不像疥螨一样在皮肤上挖掘隧道。感染本病兔往往与兔患牙齿疾病、肥胖或脊柱病等有关。感染部位可出现皮屑、脂溢性病变及瘙痒症状。有时还可造成过敏性反应。

3. 疥螨病　由兔疥螨引起。一般先在头部和掌部无毛或短毛部位如脚掌面、脚爪部、耳边缘、鼻尖、口唇、眼圈等部位，引起白色痂皮，然后蔓延到其他部位及全身，有痒感，频频用嘴啃咬患部。故患部发炎、脱毛、结痂、皮肤增厚和龟裂，采食下降，如果不及时治疗，最终消瘦、贫血甚至死亡。

有的病例家兔同时感染痒螨、疥螨。

【诊断要点】①秋冬季节多发；②皮肤结痂脱毛等特征病变，病变部有痒感；③在病部与健部皮肤交界处刮取痂皮检查，或用组织学方法检查病部皮肤，发现螨虫即可确诊。

【防治措施】

1. 预防　兔舍、兔笼定期用火焰或2%敌百虫水溶液进行消毒。发现病兔，应及时隔离治疗，种兔停止配种。

2. 治疗　①伊维菌素，是目前预防和治疗本病的最有效的药物，有粉剂、胶囊和针剂，根据说明使用。②螨净（成分为2-异丙基-6甲基-4嘧啶基硫代磷酸盐），按1∶500比例稀释，涂搽患部。

【诊治注意事项】注意与湿疹及毛癣菌病鉴别。治疗时注意：①治疗后，隔7～10天再重复一个疗程，直至治愈为止。②治疗与消毒兔笼同时进行。③家兔不耐药浴，不能将整个兔体浸泡于药液中，仅可依次分部位治疗。痒螨易治疗，疥螨较顽固，需要多次用药。④外用药治疗疥螨时，为使药物与虫体充分接触，应先将患部及其周围处的被毛剪掉，用温肥皂水或0.2%来苏儿溶液彻底刷洗、软化患部，清除硬痂和污物后，用清水冲洗干净，然后再涂抹杀虫药物，效果较好。

（二）兔虱病

兔虱病是由各种兔虱寄生于兔的体表所引起的一种外寄生虫病。其特征为皮肤痒感和皮炎。

【病原及生活史】 根据口器结构和采食方式，兔虱可分为血虱和毛虱。寄生于家兔的虱一般为兔血虱，成虱长1.2～1.5毫米，靠吸兔血维持生命。成熟的雌虫产出的卵，附着于兔毛根部，经数天孵出幼虫。在适宜的条件下，幼虫在2～3周内经3次蜕皮发育为性成熟的成虫。雌虫与雄虫交配后1～2天开始产卵，可持续约40天。

【流行特点】 主要是接触传染。病兔和健康兔直接接触，或通过接触被污染的兔笼、用具均可传染。

【症状与病变】 兔血虱在吸血时能分泌有毒素的唾液，刺激神经末梢发生痒感，引起病兔不安，影响采食和休息。有时在皮肤内出现小结节、小出血点甚至坏死灶。病兔啃咬或摩擦痒部可造成皮肤损伤，如继发细菌感染，则引起化脓性皮炎。患兔消瘦，幼兔发育不良，毛皮质量下降。

【诊断要点】 家兔啃咬或摩擦痒部，用手拨开患兔被毛，可看到黑色小兔虱，并在局部可发现淡黄色的虫卵。

【防治措施】

1. 预防 防止将患虱病的兔引入健康兔场。对兔群定期检查，发现病兔立即隔离治疗。兔舍要经常保持清洁、干燥、阳光充足，并定期消毒和驱虫，驱虫可用伊维菌素，剂量按说明使用。

2. 治疗 ①精制敌百虫1份与50份滑石粉均匀混合，用双层纱布包好，逆毛进行涂搽。②伊维菌素针剂、粉剂，按说明使用。

【诊治注意事项】 治疗时要求间隔8～10天重复施治1次，

直至治愈。

（三）兔 蚤 病

兔蚤病是由蚤引起家兔瘙痒不安、皮肤发红和肿胀为特征的一种体外寄生虫病。

【病原及生活史】 引起家兔蚤病的主要为猫栉首蚤。兔蚤体左右扁平，覆盖着小刺，没有翅膀。体长 1～9 毫米，雄虫比雌虫小。腿部高度发达，能适应跳跃；口器为刺吸式，以吸食兔的血液为生。在兔体表或其巢穴内均可找到各发育阶段的虫体。

【典型症状与病变】 寄生在兔子皮肤上的可导致兔瘙痒不安、啃咬患部，导致部分脱毛、发红和肿胀等症状。严重时可造成皮肤损伤，激发细菌感染。

【诊断要点】 在兔体表找到兔蚤即可确诊。

【防治措施】

1. 预防　防止野兔进入家兔饲养场是控制本病的关键。

2. 治疗　可使用杀虫剂如吡虫啉等。

【诊治注意事项】 除杀死兔体蚤外，还应注意杀灭兔舍缝隙、洞穴或其他环境中的幼虫和卵。

（四）蝇 蛆 病

蝇蛆病是由双翅目昆虫的幼虫侵入兔的组织或腔道内而引起的疾病。本病全国各地均有发生。

【病原虫及生活史】 能引起兔蝇蛆病的蝇种类多，有丽蝇属、污蝇属、胃蝇属、螺旋蝇属及肉蝇属的多种蝇。成虫属双翅目的昆虫，其外形似蜂，多出现在夏秋季节。雌雄蝇交配后，雌蝇直接把卵产到兔的口、鼻、肛门、生殖孔周围及伤口和毛少的皮肤表面，1～2 天后，幼虫从卵中孵出，并向腔道内或皮下组织移行。幼虫通过虫道与外界相通，以坏死组织或血液为食，经过数周的发育，2 次蜕皮变成三期幼虫。三期幼虫经过虫道离开兔体，落地，钻入浅层松土内化蛹，再经过一段时间的发育羽化成蝇。不同种的蝇繁殖周期不同，有的1年之内繁殖1代（如马胃蝇），有的1年之内可繁殖7或8代（如丽蝇）。

【流行特点】 大多数成蝇常在果树园和苜蓿地栖息，不同种蝇的繁殖期及生物学特性不尽相同，但一般的活动盛期在5～9月份。因此，兔的蝇蛆也多发生在夏秋季节。各种年龄的兔都可发病，但对幼兔为害严重。

【症状与病变】 蝇蛆多侵入兔的口、鼻、肛门、生殖孔和伤口及皮下组织，皮肤表面的寄生部位多在肩胛部、腋下、腹股沟、面部、颈和臀部。一般情况下，感染初期兔的临床症状不明显。幼虫孵出后向深部移行，家兔表现不安或尖叫，幼虫侵入的部位红肿，有痛感，触诊敏感，有炎性分泌物。随着幼虫的生长，侵入腔道内的可造成相应器官的功能障碍；侵入皮下组织的可形成中央有小洞或瘘管的肿胀，肿胀直径10～20毫米，继发细菌感染后形成脓肿，破溃后流出恶臭红棕色脓汁，用手挤压局部有时可见蝇蛆。由于幼虫在宿主组织和腔道内生长，以宿主的组织为营养，并有向深部组织内钻行的特点，同时幼虫生长发育过程中，代谢还产生多种毒素，因此，随病情发展，兔迅速消瘦，极易死亡。特别是幼兔，死亡率更高。

【诊断要点】 ①夏秋季多发；②患病部位发现虫体可确诊。

【防治措施】

1. 预防 消灭滋生物。在兔场周围不要种植果树以及其他蝇类营养来源的植物。搞好环境卫生，及时清除各种粪便、垃圾。灭蝇。在蝇类活动频繁的夏秋季节，在兔舍周围及兔舍地面、墙壁喷洒敌百虫、除虫菊酯等杀虫剂。兔舍加装纱网，以防止蝇类对兔的侵袭。

2. 治疗 发现兔体有蝇蛆寄生，立即隔离治疗。如果寄生在体表部位，首先将肿胀的结节用手术刀片切一小创口，用眼科镊把蝇蛆取出来。也可向患部洞口滴入1～2滴氯仿或乙醚，促

使蝇蛆离开洞穴。亦可用手指挤捏患部，将虫体挤出，然后用0.1%高锰酸钾冲洗，并涂消炎粉。如有化脓，可向腔洞内注射过氧化氢冲洗。除净坏死组织，局部注射0.5万～1万单位青霉素，一般经1～2次治疗，伤口即逐渐愈合。如果蝇蛆寄生在深部组织或胃肠道内，可皮下注射伊维菌素，按每千克体重0.02毫克用药。对体温升高、食欲减退等全身症状的病例，除局部治疗及杀虫外，还须肌内注射青霉素20万单位、链霉素2万单位，每日2次。同时酌情静脉注射10%葡萄糖液20～40毫升，直至全身症状消失。

【诊治注意事项】 定期对群体用伊维菌素进行预防投药可有效预防本病、线虫和疥癣病等。

（五）硬 蜱 病

硬蜱病是由蜱寄生于兔体皮肤的一种体外疾病。我国各地都有蜱侵袭兔群的报道。

【病原及生活史】 病原蜱，俗称壁虱、草爬子、狗豆子，是一种专性吸血的体外寄生虫。可以寄生于兔的蜱有许多种，在我国主要有草原革蜱、森林草蜱、中华草埤、微小牛蜱、扇头蜱、璃眼蜱等。不同种的蜱的形态不同，共同的形态特点有头节、须肢。未吸血的蜱体扁平，多呈前窄后宽的卵圆形或近圆形。头部、胸部和腹部界线不清，通常分假头和躯体两部分。假头是1对柱状须肢，中间腹面是1个口下板，背面是1对须肢。成蜱和若蜱有4对足，而幼蜱有3对足。蜱的发育共分卵、幼蜱、若蜱及成蜱4期，各活动期均需吸血，经蜕皮完成变态。成蜱能耐饥饿，不吸血仍能存活1～3年。

【流行特点】 不同地区、不同种类的蜱，其活动周期不相同。在我国北方，一般是春夏秋三季活动，南方全年都可有蜱活动。通常在温暖季节多发，寒冷季节不发或少发。

【症状与病变】 硬蜱寄生在兔的体表，叮咬皮肤吸血，造成皮肤机械性的损伤，寄生部位痛痒，使兔躁动不安，影响采食和休息。在硬蜱吸食固着的部位，易造成继发感染。蜱大量寄生时，可引起贫血消瘦，发育不良，皮毛质量下降。硬蜱的唾液中含有大量毒素，大量叮咬时，可以造成动物麻痹，被称为蜱麻痹，主要表现为后肢麻痹。蜱可以传播许多病毒、细菌、立克次氏体等疾病，在临床上表现相应的症状。

【诊断要点】 蜱的个体很大，检查时用手扒开兔毛，肉眼就可以辨认。蜱可寄生于兔的全身各个部位。

【防治措施】

1. 预防 ①消灭兔体上的蜱。发现兔体上有少量的蜱寄生时，可用乙醚、煤油、凡士林等涂于蜱体，等其麻醉或窒息后再拔除。拔除蜱时，应保持蜱体与动物体表成垂直方向，向上拔除，否则蜱的口器会断落在皮肤内，引起局部炎症。②消灭兔舍内的蜱。兔舍是蜱生活和繁殖的适宜场所，通常生活在舍内墙壁、地面的缝隙内。可用石灰水（1 千克石灰和 5 升水）加 1 克敌百虫粉喷洒这些缝隙，也可用 2%敌百虫液洗刷。另外，消灭兔舍周围环境中的蜱也是非常必要的。

2. 治疗 用伊维菌素，每千克体重 0.02 毫克，一次皮下注射，效果很好。

【诊治注意事项】 定期对群体用伊维菌素进行预防投药可有效预防本病。

（任克良）

第七章

普 通 病

一、营养代谢病

（一）维生素 A 缺乏症

维生素 A 缺乏症是家兔维生素 A 长期摄入不足或吸收障碍所引起的一种慢性代谢病，其特征为生长迟缓、角膜浑浊和繁殖功能障碍等。

【病　因】 饲粮中缺乏青绿饲料、胡萝卜素或维生素 A 添加剂；饲料贮存方法不当如暴晒、氧化等，破坏饲料中维生素 A 前体。患肠道病、肝球虫病等，影响维生素 A 的吸收转化和贮存。

【症状与病变】 仔、幼兔生长发育缓慢。母兔繁殖率下降，不易受胎，受胎的易发生早期胎儿死亡和吸收、流产、产死胎或产出先天性畸形胎儿如脑积水、瞎眼等。脑积水兔头颅较大，用手触摸软而大，剖检见脑内有大量的积水。长期缺乏可引起视觉障碍，如眼睛干燥，结膜发炎，角膜浑浊，严重者失明。有的出现转圈、惊厥、左右摇摆、四肢麻痹等症状。

【诊断要点】 ①饲料中长期缺乏青饲料或维生素 A 含量不足。有发育迟缓、视力、运动、生殖等功能障碍症状。②测定血浆中维生素 A 的含量，低于每升 20～80 微克为维生素 A 缺乏。

【防治措施】

1. 预防 经常喂给青绿、多汁饲料。保证每千克饲粮中10 000单位维生素A。及时治疗兔球虫病和肠道疾病。

2. 治疗 群体饲喂时每10千克饲料中添加鱼肝油2毫升。个别病例可内服或肌内注射鱼肝油制剂。

【诊治注意事项】 该病的症状在多种疾病都有可能出现，因此诊断时在排除相关疾病后应和饲料营养成分联系起来进行分析。

（二）硒和维生素E缺乏症

家兔硒和维生素E缺乏症是由硒或维生素E单独缺乏或共同缺乏所引起的营养缺乏病，其特征为幼兔生长迟缓、运动障碍、肌肉变性苍白；成年兔繁殖功能下降等。

【病　因】 饲料中维生素E含量不足；饲料中含过量不饱和脂肪酸（如猪油、豆油等）酸败产生过氧化物，促进维生素E的氧化。兔患肝脏疾病如兔患球虫病时，维生素E贮存减少，而利用和破坏反而增加。

【症状与病变】 患兔表现强直、进行性肌肉无力。不爱运动，喜卧地，全身紧张性降低。肌肉萎缩并引起运动障碍，步样不稳，平衡失调，食欲减退至废绝。体重逐渐减轻，全身衰竭，大小便失禁，直至死亡。幼兔表现生长发育停滞。母兔受胎率降低，发生流产或死胎；公兔睾丸损伤，精子产生减少。剖检可见骨骼肌、心肌颜色变淡或苍白，镜检呈透明样变性、坏死，也见钙化现象，尤以骨骼肌变化明显。

【诊断要点】 根据运动障碍、生殖功能下降和肌肉特征病变可怀疑本病，也可进行治疗性诊断。但综合性诊断较为全面、准确。

【防治措施】

1. 预防 经常喂给兔青绿多汁饲料，如大麦芽、苜蓿等，或补充维生素E添加剂。避免喂含不饱和脂肪酸的酸败饲料。及时治疗兔肝脏疾病，如兔球虫病等。

2. 治疗 ①肌内注射维生素E制剂，每次1000国际单位，每天2次，连用2～3天。②病兔肌内注射0.1%亚硒酸钠溶液，幼兔0.2～0.3毫升，成兔0.5～1毫升，或按每千克体重0.1毫克计算用量。病情较重时，1周重复注射1次。

【诊治注意事项】 本病应进行综合诊断，如发生特点（幼兔多发，群发）、饲料分析（维生素E缺乏）、主要症状（运动障碍，心衰）、病理变化（骨骼肌、心肌等变性坏死）。

（三）佝偻病

佝偻病是幼兔维生素D缺乏、钙磷代谢障碍所致的营养代谢疾病。其特征为消化紊乱、骨骼变形与运动障碍。

【病 因】 饲料中钙、磷缺乏，钙磷比例不当或维生素D缺乏起。

【症状与病变】 精神不振，四肢向外侧斜，身体呈匍匐状，凹背，不愿走动。四肢弯曲，关节肿大。肋骨与肋软骨交界处出现“佝偻珠”。死亡率较低。血清检查时血清磷水平下降和碱性磷酸酶活性升高，而血清钙变化不明显，仅在疾病后期才有所下降。

【诊断要点】 ①检测饲料中钙、磷；②特征症状和骨关节病变；③治疗性诊断，即补钙剂疗效明显。

【防治措施】

1. 预防 经常在饲料中添加足量的钙、磷添加剂（如骨粉或磷酸氢钙等）和维生素D，增加光照。保障饲粮中钙、磷和维生素D含量分别达0.7%～1.2%、0.4%～0.6%和1000单位/千克。

2. 治疗 维生素D胶性钙，每只每次1000～2000单位，肌内注射，每天1次，连用5～7天。维生素AD注射液，每只每次 0.3～0.5 毫升，肌内注射，每天 1 次，连用 3～5 天。内服磷酸钙 0.5～1.0 克或骨粉 1.0～2 克。

【诊治注意事项】 幼兔饲料中钙磷比例一定适合（1～2∶1），高于或低于此比例，尤其伴有轻度维生素 D 不足即可发生此病。

（四）维生素 K 缺乏症

维生素 K 缺乏症是因饲料中缺乏维生素 K 引起的以机体出血性素质为特征的营养缺乏症。

维生素 K 又名凝血维生素或抗出血维生素。在自然界中，主要有 2 种，即维生素 K_1 和维生素 K_2。维生素 K 的生理功能主要催化肝脏中对凝血酶原和凝血活素的合成，当维生素 K 不足或缺乏时，由于限制了凝血酶原的合成使凝血作用不能完成，而延长了凝血时间，严重时可以出血不止。

【病　因】 ①维生素 K 可经肠道的微生物合成，家兔可以通过自食粪便来补充维生素 K，因其他原因引起家兔不食软粪而导致本病发生。②饲料中缺乏绿色植物饲料或使用腐败变质饲料。③患胃肠道疾病和肝病易发，如肝球虫病等。④长期给予抗菌药物（如磺胺类药物）也可发生本病。⑤饲料中含有双香豆的饲草（如草木樨），因其能影响维生素 K 的吸收和利用，导致维生素 K 缺乏症。

【症状与病变】 维生素 K 缺乏时，可使机体的凝血机能失调，即使轻微的创伤也会造成血管破裂，导致大量出血，凝血时间延长，易发生出血性素质。严重者排红色血尿，一有出血便很难止住，血凝不良或不凝，妊娠母兔发生流产及产后出血。

【诊断要点】 根据饲粮分析、出血及凝血时间延长等临床症状以及用维生素 K 疗效好的治疗性试验确诊。

【防治措施】

1. 预防　加强饲养管理，兔饲粮中要有适当比例的青绿饲料或维生素 K 添加剂，及时治疗慢性消化道疾病和肝病，饲料

中添加磺胺和抗生素量不宜过大，饲喂时间不宜过长，注意饲料的贮存，防止霉变。妊娠和哺乳期母兔要增补富含维生素 K 的饲料。

2. 治疗 可用 10% 葡萄糖 30 毫升加维生素 K_1 毫升行耳静脉注射，同时在饮水和饲料中适当加入维生素 K 添加剂。

【诊治注意事项】 及时治疗球虫病及肝病，可以有效防止本病的发生。

（五）维生素 B_1 缺乏症

维生素 B_1 缺乏症又称硫胺素缺乏症，是由于体内硫胺素不足或缺乏而引起的以消化机能障碍和神经症状为特征的一种营养代谢性疾病。

【病 因】 ①饲粮中硫胺素含量不足。②家兔因其他原因不吃软粪，容易发生维生素 B_1 缺乏症。③长期消化不良，影响硫胺素的吸收。④幼龄兔大肠合成硫胺素的能力较差，断奶兔易发生不足或缺乏。⑤饲喂低纤维高糖饲料或蛋白质饲料严重短缺，造成大肠微生物区系紊乱，硫胺素合成障碍。

【症状与病变】 病兔首先出现消化分泌机能低下，食欲不振，便秘或腹泻。继而出现泌尿功能障碍，发生渐进性水肿，最终导致严重的神经系统损害，呈现运动失调，麻痹，痉挛，抽搐，昏迷，最后死亡。与其他动物不同的是，病兔不出现厌食。

【诊断要点】 根据症状和测定血液丙酮酸和乳酸含量增高有助于本病的诊断。

【防治措施】

1. 预防 供给家兔全价饲粮，增喂富含维生素 B_1 的饲料如啤酒酵母、饲料酵母等。

2. 治疗 发病兔可内服维生素 B_1，每次 1～2 片（每片含维生素 $B_1$10 毫克）；或肌内注射维生素 B_1 制剂，如肌内或静脉注射盐酸硫胺素注射液，每千克体重 0.25～0.5 毫升，1 次 / 天，连用 3～5 天。也可使用维生素利剂如速补 –14 等饮水，剂量按说明使用。

【诊治注意事项】 饲粮中添加多维可以有效预防本病的发生。

（六）维生素 B_2 缺乏症

维生素 B_2 缺乏症是因饲料中缺乏维生素 B_2 引起以物质和能量代谢紊乱为特征的一种营养代谢性疾病。

维生素 B_2 又称核黄素，属水溶性维生素，为橙黄色结晶化合物，水溶液呈现黄绿色荧光。对热稳定，在碱性溶液中易被破坏。饲料中维生素 B_2 含量较为丰富，较少出现缺乏，许多蔬菜和豆荚中都含有维生素 B_2。

【病　因】 饲粮中缺少维生素 B_2，饲料变质或加工不当，或患有胃肠炎和吸收障碍也可以发生本病。

【症状与病变】 维生素 B_2 缺乏主要表现为消瘦，厌食，生长缓慢，被毛粗糙、易脱落脱色；黏膜黄染，流泪，流涎；长期缺乏，母兔不育或所产仔兔畸形，泌乳减少，繁殖率下降。

【诊断要点】 主要根据饲粮组成、临床特征、补充维生素 B_2 有疗效可以做出确诊。

【防治措施】

1. 预防　由于兔肠道细菌可以合成其机体所需的维生素 B_2，高碳水化合物有助于肠道细菌合成维生素 B_2，合理调配饲粮，适当添加动物性饲料、酵母或维生素 B_2 添加剂。

2. 治疗　最有效的方法是及时给予维生素 B_2，按每千克饲料 20 毫克添加，连用 1～2 周，之后减半，也可皮下或肌内注射维生素 B_2，一般连用 1 周，效果很好，也可使用维生素制剂如速补 –14 等饮水，剂量按使用说明。

【诊治注意事项】 对于集约化程度较高的兔群要注意补充维生素 B_2。

（七）烟酸缺乏症

烟酸缺乏症又称癞皮病，是由于饲料中缺乏烟酸而引起的一种以消化障碍、被毛粗糙为特征的营养缺乏症。

烟酸又叫尼克酸、维生素 B_5，在体内以尼克酰胺形式存在。尼克酸及尼克酰胺广泛存在于动植物组织中，其中含量最丰富的是全谷、豆类等饲料中。

【病 因】 ①饲料中缺乏烟酸。②饲料中缺乏色氨酸。家兔机体能将色氨酸合成为烟酸，如果饲料中蛋白质不能提供足够量的色氨酸来满足机体对蛋白质和烟酸的合成需要，兔将发生烟酸缺乏症。

【症状与病变】 患兔出现厌食、生长发育不良、腹泻及被毛粗糙等症状。

【诊断要点】 依据饲料营养成分和临床症状可初步诊断。

【防治措施】

1. 预防 一般情况下不需考虑饲料中添加烟酸添加剂，但对于生长发育兔每千克饲料中应含烟酸 180 毫克，也可在饲料中添加色氨酸添加剂。

2. 治疗 添喂烟酸。

【诊治注意事项】 对于集约化程度较高的兔群要注意补充烟酸添加剂或使用多种维生素添加剂。

（八）维生素 B_6 缺乏症

维生素 B_6 缺乏症是因机体缺乏引起的以某些代谢障碍相关的一系列症状和病理变化为特征的一种营养代谢性疾病。

维生素 B_6 也称为吡哆醇或抗皮炎素，属水溶性维生素。

【病 因】 家兔饲粮中维生素 B_6 不足；饲料加工调制不当，使饲料中维生素 B_6 被破坏；肠道疾病，使肠道不能合成足量的维生素 B_6 等，均可导致本病的发生。另外，由于饲喂含高蛋白

质的饲料对维生素 B_6 的需要增多，也能引起缺乏。

【症状与病变】 轻微缺乏时对兔的影响不大，严重缺乏时引起兔皮肤的损害，兔耳周边出现皮肤增厚和鳞片，鼻端或爪出现疮痂，眼睛发生结膜炎，神经功能紊乱，骚动不安，生长发育受阻，瘫痪，最后死亡。轻度贫血，凝血时间延长，尿中黄尿酸量增多。兔群不孕率增高，死胎增加，妊娠后期出现尿石症。

【诊断要点】 据饲粮分析和临床症状初步诊断。确诊须根据尿检血液转氨酶活性降低和临床特征进行确诊。

【防治措施】

1. 预防 使用全价配合饲料，适当添加鱼粉、肉骨粉、酵母等饲料，或维生素 B_6 添加剂、复合维生素添加剂。每千克饲粮添加 0.6～1 毫克维生素 B_6 可预防本病的发生。

2. 治疗 维生素 B_6 制剂，发情期 1.2 毫克 / 千克体重，被毛生长前期 0.9 毫克 / 千克体重，被毛生长后期每千克体重 0.6 毫克，可得到良好的治疗效果。也可使用维生素制剂如速补 –14 等饮水。

【诊治注意事项】 按照家兔营养标准进行添加。

（九）维生素 B_{12} 缺乏症

维生素 B_{12} 缺乏症是由机体缺乏引起的家兔厌食、营养不良、贫血为临床表现的营养代谢性疾病。

维生素 B_{12} 又叫氰钴维生素，属水溶性维生素。主要来源是肝脏，也存在于奶、蛋、肉、鱼中，植物性饲料一般不含。

【病　因】 兔饲料中不使用动物性饲料，并且未添加维生素 B_{12}，易导致本病的发生。饲料中缺乏微量元素钴、铁时，维生素 B_{12} 合成不足，肠道疾病可阻止微生物合成维生素 B_{12} 或使之吸收利用障碍等，也可诱发本病。

【症状与病变】 患兔表现为厌食，营养不良，贫血，消瘦，黏膜苍白，幼兔仔兔生长发育停滞，也出现胃肠炎，腹泻，便秘等。剖检见血液稀薄，颜色发淡，肝脏黄色而脆，肝细胞坏死和脂肪变性。全身贫血。

【诊断要点】 根据临床症状、病理变化特点和饲粮的配合进行综合分析确诊。

【防治措施】

1. 预防 饲料中添加含维生素 B_{12} 及含钴和铁的添加剂，可有效地预防本病的发生。饲料中适当添加动物性饲料和酵母等，能够起到补充维生素 B_{12} 的作用。母兔在妊娠期要注意加强维生素 B_{12} 的添加量，每千克饲料含维生素 B_{12} 0.012 毫克。

2. 治疗 病兔可按每千克饲料添加维生素 B_{12} 0.2 毫克，同时添加含钴和铁的添加剂，病情好转后再恢复到预防量。有价值的种兔可肌内注射维生素 B_{12} 注射液治疗。

【诊治注意事项】 按照家兔营养标准进行添加。

（十）胆碱缺乏症

胆碱缺乏症是由于体内胆碱缺乏或不足而引起的以生长缓慢、贫血、肌肉损伤为主要特征的疾病。

【病　因】 饲料中蛋白质不足或蛋白质质量较差造成胆碱合成缺乏，引起本病。

【症状与病变】 病兔食欲减退，生长发育缓慢，被毛粗糙无光泽，中度贫血，肌肉萎缩，四肢无力。可能导致衰弱死亡。剖检见脂肪肝和肝硬化，腿肌萎缩，呈灰白色。显微镜下可见肝细胞脂肪变性，胆管增生。骨骼肌纹理消失，呈透明样变。

【诊断要点】 根据临床症状、剖检特点可做出初步诊断。

【防治措施】

1. 预防 平时喂给质量优良、足够的蛋白质饲料。家兔对胆碱的营养需要量为 200 毫克 / 千克。

2. 治疗 比赛可灵（氨化甲酰甲胆碱），每千克体重 0.05～0.08 毫克，皮下注射，每天 1 次。根据病情，确定是否连续用药。

【诊治注意事项】 按照家兔营养标准进行添加。

（十一）高 钙 症

兔高钙症是由于饲料中钙盐含量较高所引起的一种营养代谢病。

【病　因】 饲料中钙盐饲料含量较高，维生素 D 中毒也可引起。

【症状与病变】 无明显的临诊症状。但可见兔尿液呈白色，笼地板或粪沟地面上有白色钙质析出。最新研究表明，高钙还可引起母兔死胎率增加。剖检可见肾脏中有颗粒状钙盐沉积，膀胱中积有大量钙盐。

【防治措施】

1. 预防　饲料中钙的含量应维持在 0.7%～1.2%。同时注意钙磷比例。

2. 治疗　控制饲料中钙的含量。

【诊治注意事项】 肾脏病变应和其他疾病的结节病变鉴别，如结核结节、小脓肿等，但这些病变质地较软。虽然家兔可以忍耐饲料中较高的钙水平，但过高会引起本病。

（十二）铜缺乏症

铜缺乏症是家兔体内铜含量不足所致的一种慢性营养性疾病，其特征为贫血、脱毛、被毛褪色和骨骼异常。

【病　因】 饲料中含铜量不足或缺乏，易发生本病。饲料中的铜含量与饲料产地土壤中的铜含量多少密切相关。若长期饲用低铜土壤生产的饲料，易发生本病。饲料中钼、锌、铁、镉、铅等以及硫酸盐过多，也会影响铜的吸收而发病。

【症状与病变】 病初食欲不振，体况下降，衰弱，贫血（低色素性、小细胞性贫血）。继而被毛褪色、无光泽、脱毛，并伴发皮肤病变。后期长管骨经常出现弯曲，关节肿大变形，起立困

难，跛行。病情严重的可出现后躯麻痹。母兔发情异常，不孕，甚至流产。剖检见心肌有广泛性钙化和纤维化病变。

【诊断要点】①病史调查。饲料来源于贫铜地区，而且饲喂时间较长。②典型症状与病变。

【防治措施】

1. 预防　一般每千克饲料中含铜6～10毫克，即能满足家兔的需要；每千克中含铜200毫克时，能刺激幼龄兔的生长速度，防止腹泻的发生。

2. 治疗　补铜是治疗本病的有效措施，可口服10%硫酸铜溶液2～5毫升，视病情每周1次或隔周重复1次。也可配成0.5%硫酸铜溶液让兔自由饮水。

【诊治注意事项】为了保护环境，禁止饲粮中添加高剂量的铜。

（十三）镁缺乏症

镁缺乏症是家兔低血镁所致的以感觉过敏、精神兴奋、肌肉强直或痉挛为特征的一种营养代谢性疾病。

【病　因】动物机体中70%以上的镁以磷酸盐形式参与骨骼和牙齿的组成；约25%存在于软组织中，主要参与蛋白质合成，并与蛋白质结合成络合物。镁是细胞内阳离子，是多种酶系统和糖代谢不可缺少的因子。细胞外液中的镁与钙、钾、钠协同，共同维持着动物机体肌肉神经的兴奋性。镁离子也是维持心肌正常机能和结构所必需的。镁普遍存在于各种物质中，含叶绿素多的植物是镁的主要来源。饲喂一般饲料通常不会发生镁缺乏症。但每100克饲料中含镁低于8毫克，可发生兔镁缺乏症。

【症状与病变】发病症状与兔的年龄和饲料中镁含量有关，年龄越小镁含量越少，发病越严重。发病后表现被毛失去光泽，背部、四肢和尾巴脱毛。青年兔镁缺乏表现急躁，心动过速，生长停滞，厌食和惊厥，最后心力衰竭而死亡。母兔镁缺乏仍能配种妊娠，但胎儿不久死亡、吸收。剖检变化不一，有的肾脏上有出血斑，其他脏器基本正常。

【诊断要点】 根据临床症状可初步做出诊断。确诊需做实验室检验，患兔血清镁含量减少，血清钙含量正常。正常兔血清的镁含量为 2.61～3.79 毫克 /100 毫升。

【防治措施】

1. 预防 在饲料中补充硫酸镁 0.03%～0.04%，就能满足其需要。

2. 治疗 病兔可用 10% 硫酸镁 5～10 毫升多点皮下注射，血镁浓度可很快升高。病情严重者，同时给予对症治疗，如氯丙嗪、巴比妥等，可缓解症状。

【诊治注意事项】 按照家兔营养标准进行添加。

（十四）锌缺乏症

锌缺乏症是家兔锌含量不足而引起的以体重降低、脱毛、皮炎和繁殖障碍为特征的一种营养性疾病。

【病　因】 长期使用来自缺锌地区的植物性饲料喂兔，是引起锌缺乏的主要原因。饲粮中钙过剩，会影响锌的吸收和利用。此外，铜、铁、镉也影响锌的吸收和利用，可促进本病的发生。

【症状与病变】 病兔食欲减退，被毛无光泽，而且部分被毛脱落。口角肿胀、溃疡，有痛感。幼兔生长发育迟滞，成年后繁殖能力降低，或完全丧失。妊娠母兔发病后，分娩时间延长，胎盘停滞，而且仔兔多半死亡。

【诊断要点】 根据有饲料锌不足或缺乏以及影响锌吸收、利用的因素存在和临床症状可做出初步诊断。

【防治措施】

1. 预防 调整饲粮，饲料中的钙不宜过高，增添糠麸、饼粕、酵母等富含锌的饲料。饲粮中可补加适量的硫酸锌，一般不超过 0.3%。

2. 治疗　主要是补锌。可内服硫酸锌或碳酸锌，每只每次0.01～0.05克，混于饲料或饮水中，每日1次，连服3～4周，疗效显著。

【诊治注意事项】 按照家兔营养标准进行添加，多以使用氧化锌。

（十五）锰缺乏症

锰缺乏症是家兔饲料中锰含量不足引起的以骨骼畸形为特征的一种营养性疾病。

【病　因】 兔体内锰能激活许多酶，参与生化反应。锰对碳水化合物、脂肪代谢和蛋白质生物合成起着极为重要的作用。锰缺乏可减少多种组织中黏多糖成分，尤其是骨骺软骨中硫酸软骨素明显减少，从而引起骨骼变形。饲粮中锰含量低于2.5毫克/千克即可引起本病。此外饲料中钙、磷、铁、钴等元素均可影响锰的吸收和利用而诱发本病。

【症状与病变】 病兔的典型症状为骨骼发育异常，前肢弯曲，肱骨短而脆，骨骼重量、密度、长度和灰分含量均降低，幼兔生长受阻，严重时母兔繁殖障碍。

【诊断要点】 根据临床症状可初步做出诊断。

【防治措施】

1. 预防　饲粮中的锰含量应保证30～50毫克/千克，以满足家兔的需要。

2. 治疗　病兔饲粮中锰添加至70毫克/千克，连喂15天，或用1∶3000高锰酸钾溶液饮水，有明显的治疗效果。

【诊治注意事项】 按照家兔营养标准进行添加。

（十六）食 仔 癖

食仔癖是母兔生产后吞食仔兔的一种恶癖。

【病　因】 本病病因比较复杂，一般认为主要与母兔营养代谢紊乱有关。如饲粮营养不平衡；饲料中缺乏食盐、钙、磷、蛋白质或B族维生素等。母兔产前、产后得不到充足的饮水，口渴难忍。产仔时母兔受到惊扰，巢窝、垫草或仔兔带有异味，或发生死胎时，死仔未及时取出等。一般初产母兔发生率较高。

【症状与病变】 本病表现母兔吞食刚生下或产后数天的仔兔。有些将胎儿全部吃掉，仅发现笼底或巢箱内有血迹，有些则食入部分肢体。

【诊断要点】 初产母兔易发。有明显的食仔行为。

【防治措施】

1. 预防 母兔应供给富含蛋白质、钙、磷和维生素的平衡饲粮。产箱要事先消毒，垫窝所用草等物切勿带异味。产前、产后供给充足淡盐水。分娩时保证舍内安静。产仔后，检查巢窝，发现死亡仔兔，立即清理掉。检查仔兔时，必须洗手后（不能涂擦香水等化妆品）或带上消毒手套进行。

2. 控制 一旦发现母兔食仔症状时，迅速把产箱连同仔兔拿出，采取母仔分离饲养。

【诊治注意事项】 对于多胎次食仔的母兔淘汰处理。

（十七）食 毛 症

食毛症是因营养紊乱而发生以嗜食被毛成癖为特征的营养缺乏症，其特征为病兔啃毛与体表缺毛。

【病　因】 ①饲粮营养不平衡，如缺乏钙、磷及维生素或含硫氨基酸时，兔相互啃咬被毛。②管理不当，如兔笼狭小、相互拥挤而吞食其他兔的被毛，未能及时清除掉在料盆、水盆中和垫草上的兔毛，被家兔误食。

【症状与病变】 本病多发于1～3月龄的幼兔。较常见于秋冬或冬春季节。主要症状为病兔头部或其他部位缺毛。自食、啃吃他兔或相互啃食被毛现象。食欲不振，好饮水，大便秘结，粪球中常混有兔毛。触诊时可感到胃内或肠内有块状物，胃体积膨

大。由于家兔食入大量兔毛，在其胃内形成毛团，堵塞幽门或肠管，因此偶见腹痛症状，严重时可因消化道阻塞而致死。剖检见胃内容物混有毛或形成毛球，有时因毛球阻塞胃而导致肠内空虚现象，或毛球阻塞肠而继发阻塞部前段肠臌气。

【诊断要点】①有明显食毛症状；②有皮肤少毛、无毛现象；③生前可见腹痛、臌气症状，剖检胃肠可发现毛团或毛球；④饲料营养成分测定。

【防治措施】

1. 预防 饲粮营养要平衡，精粗料比例要适当。供给充足的蛋白质、无机盐和维生素。饲养密度要适当。及时清理掉在饮水盆和垫草上的兔毛。兔毛可用火焰喷灯焚烧。每周停喂一次粗饲料可以有效控制毛球的形成，也可在饲料中添加1.87%氧化镁，防止食毛症的发生。

2. 治疗 病情轻者，多喂青绿多汁饲料，多运动即可治愈。胃肠如有毛球可内服植物油，如豆油或蓖麻油，每次10～15毫升，然后让家兔运动，待进食时再喂给易消化的柔软饲料。同时用手按摩胃肠，排出毛球。食欲不好时，可喂给大黄苏打片等健胃药。对于胃肠毛球治疗无效者，应施以外科手术取出或淘汰病兔。

【诊治注意事项】本病的诊断不很困难，但预防和治疗应重视多种营养成分的供给。

（十八）食足癖

食足癖是兔经常啃食脚趾皮肉和骨骼的现象。

【病　因】饲料营养不平衡，患寄生虫病，内分泌失调等。

【症状与病变】家兔不断啃咬脚趾尤其是后脚趾，伤口经久不愈。严重的露出趾节骨，有的感染化脓或坏死。

【诊断要点】青年、成年兔多发，獭兔易感。体内外寄生虫病、内分泌失调的兔易发。患兔不断啃咬脚趾，流血、化脓，长久不能愈合。

【防治措施】

1. 预防 配制合理的饲料，注意矿物质、维生素的添加。及时治疗体内外寄生虫。

2. 治疗 目前无有效治疗方法，可对症治疗。

【诊治注意事项】 发现此病时除改善饲料配方外，对发病部位及时处理。

（十九）尿 石 症

尿石症即尿结石，是指尿路中形成硬如砂石状的盐类凝固物，刺激黏膜引起出血、炎症和尿路阻塞等病变的疾病。

【病 因】 饲喂高钙饲粮，饮水不足，维生素 A 缺乏，饲粮中精料比例过大，肾及尿路感染发炎等均可引起本病。

【症状与病变】 病初无明显症状，随后精神萎靡，不思饮食或不吃颗粒料，仅采食青绿、多汁饲料，尿量很少或呈滴状淋漓，尾部经常性被尿液浸湿。排尿困难，拱背，粪便干、硬、小，有时排血尿，日渐消瘦，后期后肢麻痹、瘫痪。剖检见肾盂、膀胱与尿道内有大小不等、多少不一的淡黄色结石，局部黏膜出血、水肿或形成溃疡。

【诊断要点】 成年兔、老龄兔多发。患兔仅采食青绿、多汁饲料。有排尿困难等症状。按触摸两侧肾脏，有石头样感觉。肾肿大或萎缩。尿路有结石及病变。

【防治措施】

1. 预防 合理配制饲粮，精料比例不宜过高，钙、磷比例适中，补充维生素 A，保证充足的饮水。

2. 治疗 ①结石较小时，每日口服氯化铵 1～2 毫升，连用 3～5 天，停药 3～5 天后再按同法治疗 5 天。②较大的肾结石、膀胱结石应施手术治疗或做淘汰处理。

【诊治注意事项】 临诊症状是诊断本病的重要依据，但不能

以此做确诊，必须仔细检查，排除其他泌尿系统疾病。

二、中毒性疾病

（一）硝酸盐和亚硝酸盐中毒

亚硝酸盐中毒是一次性食入大量硝酸盐制剂引起的胃肠道炎症性疾病。

【病　因】 主要原因是家兔采食堆集发热的青饲料、蔬菜或饲料中硝酸盐含量过高而引起发病。亚硝酸盐中毒时植物中的硝酸盐在体内或体外形成亚硝酸盐，进入血液后使血红蛋白氧化为高铁血红蛋白而失去携氧能力，从而引起组织缺氧的一种中毒性疾病。其特征为黏膜发绀、呼吸困难，血液不凝呈酱油色。

【症状与病变】

1. 急性　呼吸困难，口流白沫，磨牙，腹痛，可视黏膜发绀，迅速死亡。剖检见内脏器官颜色晦暗，血液呈酱油色，不凝固。

2. 慢性　生长缓慢，流产，不孕。

【诊断要点】 ①有采食堆积发热的青饲料史；②发病、死亡迅速，呼吸困难，可视黏膜发绀；③血液不凝，呈酱油色，内脏器官颜色晦暗；④毒物检测。

【防治措施】

1. 预防　蔬菜、青饲料要摊开，切勿堆积。防止硝酸盐与亚硝酸盐化合物混入饲料或被误食。

2. 治疗　迅速用 1% 美蓝溶液（美蓝 1 克溶于 10 毫升酒精，加生理盐水 90 毫升）按每千克体重 0.1～0.2 毫升静脉注射，或用 5% 甲苯胺蓝溶液每千克体重 0.5 毫升静脉注射，同时静脉注射 5% 葡萄糖 10～20 毫升、维生素 C 1～2 毫升，效果更好。

【诊疗注意事项】 注意与其他中毒病、急性传染病鉴别。治疗越快越好，否则病兔可能死亡。

（二）氢氰酸中毒

氢氰酸中毒是家兔采食富含氰甙的植物，在体内水解生成氢氰酸，其氰离子可使细胞色素氧化酶失活，生物氧化中断，组织细胞不能从血液中摄取氧，致使血氧饱和而组织细胞氧缺乏。本病的特征为呼吸困难，黏膜潮红，血液鲜红、凝固不良，胃内容物有苦杏仁气味。

【病　因】 采食了高粱、玉米、豆类、木薯的幼苗或再生苗，或桃、杏、李叶及其核仁。食入被氰化物污染饲料或饮水。

【症状与病变】 发病急，病初家兔兴奋不安，流涎，呕吐，腹痛，胀气和腹泻等。随之行走摇摆，呼吸困难，结膜鲜红，瞳孔散大。最后心力衰竭，倒地抽搐而死。剖检见血液鲜红、凝固不良；尸僵不全，尸体鲜红，不易腐烂；胃内容物有苦杏仁气味；胃肠黏膜充血、出血，肺充血、水肿。

【诊断要点】 ①有食入含氰苷植物或被氰化物污染的饲料或饮水史；②发病急，表现明显中毒症状；③有特征性病理变化；④毒物检测。

【防治措施】

1. 预防　防止家兔采食含氰化物的饲料，尤其是高粱、玉米的幼苗或收割后根上的再生苗及木薯等。发现病兔及时治疗。

2. 治疗　① 1% 亚硝酸钠每千克体重 1 毫升静脉注射，然后再用 5% 硫代硫酸钠每千克体重 3～5 毫升静脉注射。② 1% 美蓝溶液每千克体重 1 毫升，静脉注射后，再注射上述硫代硫酸钠。

【诊疗注意事项】 注意与中暑、有机磷中毒、亚硝酸盐中毒鉴别。

（三）阿维菌素中毒

阿维菌素是阿佛曼链球菌的天然发酵产物，是一种高效广谱抗寄生虫药物，是目前预防和治疗兔螨病和体内线虫病的首选

药物。

【病　因】剂量计算错误和盲目增大剂量是造成阿维菌素中毒的主要原因。

【症状与病变】当家兔使用过量阿维菌素后，出现精神沉郁，步态不稳，食欲不振，或拒食等症状，最后瘫软，在昏迷中死亡。剖检见肺、肠浆膜等出血，腹腔积液，实质器官变性，脾程度不等地肿大。

【诊断要点】①有阿维菌素超量防治螨病、线虫病史；②有上述症状和内脏出血、腹腔积液等病变。

【防治措施】

1. 预防　使用阿维菌素时，应准确称量兔的体重并严格按产品说明的使用剂量用药。

2. 治疗　本病没有特效解毒药，可按补液、强心、利尿和兴奋肠蠕动的原则进行治疗。

【诊疗注意事项】诊断本病首先应考虑与阿维菌素使用的关系，症状和病变仅供参考。

（四）马杜拉霉素中毒

马杜拉霉素俗称加福、抗球王、抗球皇、杜球等，为聚醚类离子载体抗生素。主要用于家禽球虫病的预防和治疗，而不用于兔球虫病。如用于预防家兔球虫病时，如剂量稍大或长期使用，便会引起中毒甚至导致死亡。

【病　因】马杜拉霉素用于预防兔球虫病，预防剂量与中毒剂量十分接近，剂量稍高或饲料搅拌不均匀，长期饲喂，均可引起中毒。

【症状与病变】作者按推荐剂量饲喂后第 5 天就出现中毒表现，青年兔、泌乳母兔先发病，精神不振，食欲废绝，感觉迟钝，嗜睡，体温正常，排尿困难，粪便变小，四肢发软，嘴着地，似翻跟头动作，数小时后死亡。如剂量稍大或搅拌不均匀，采食后 24 小时即出现如上症状，且迅速死亡。剖检见心包腔与腹腔积液，胃黏膜脱落，肝淤血肿大，肾变性色红等。

【防治措施】

1. 预防 禁止使用马杜拉霉素用于预防兔球虫病。

2. 治疗 目前马杜拉霉素中毒尚无特效药，一般采用以下措施：①立即停止饲喂含药饲料，换用新的饲料。②口服补液盐，同时配合速补多维饮水。③将中毒兔放在安静、通风、避光处饲养。

（五）敌鼠中毒

敌鼠中毒是一种全身出血和血管渗出为特征的中毒性疾病。敌鼠为一种灭鼠药。敌鼠中毒是敌鼠及其钠盐进入体内后，干扰了肝脏对维生素 K 的利用，抑制凝血酶原及其凝血因子的合成，使血凝不良，出血不止，而且作用于毛细血管壁，使其通透性增高，脆性增加，易破裂出血。

【病　因】 家兔的中毒是由于误食了被敌鼠污染的饲料、饮水而引起。在兔舍任意放置毒饵灭鼠而未加强管理时也可造成家兔误食而中毒。

【症状与病变】 精神不振，不食，呕吐，出现出血性素质，如鼻、齿龈出血，血便血尿，皮肤紫癜，伴有关节肿大，跛行，腹痛，后期呼吸高度困难，黏膜发绀。窒息死亡。剖检见全身组织器官明显淤血、出血和渗出，故色暗红、有出血点。体腔有液体渗出，血液凝固不良。

【诊断要点】 ①有误食被敌鼠与敌鼠钠盐污染的饲料和饮水史；②中毒 3 天后出现以出血为主的症状；③有明显的全身出血、渗出为特征的病变。

【防治措施】

1. 预防 兔舍放置敌鼠毒饵时要有防止兔误食的措施。加强对饲料库、加工场所的管理，防止饲料被毒饵污染。

2. 治疗 洗胃，灌服盐类泻药，肌内注射特效解毒药维生素 K_1 溶液，每千克体重 0.1～0.5 毫克，每日 2～3 次，连用 5～7 天。

【诊疗注意事项】 本病的诊断除查明有误食敌鼠史外，一定要注意病变的特征是全身性淤血、出血、液体渗出与血凝不良。注射药物时应选择小号针头，以免引起局部出血。

（六）氟乙酰胺中毒

氟乙酰胺又称敌蚜胺，俗称“闻到死”，是一种常用灭鼠药，由于在体内可活化为氟乙酸，对心血管系统及中枢神经系统有损害作用，故引起动物中毒或死亡。

【病　因】 家兔误食氟乙酰胺毒饵或其污染的饲料、饮水是中毒的主要原因。

【症状与病变】 潜伏期 0.5～2 小时，病兔精神沉郁，嗜睡，瞳孔散大，呼吸、心跳加快，大小便失禁，倒地抽搐死亡。剖检见心包及胸腹腔有清亮液体积聚，肝、肾等实质器官变性肿大，肺有细小出血点和气肿等。

【防治措施】

1. 预防 兔舍放置毒饵时要有防止兔误食的措施。加强饲料库、加工场所的管理，防止饲料被毒饵污染。

2. 治疗 肌内注射乙酰胺，每千克体重 20～50 毫克，每天 2 次，连续用药 5～7 天。

（七）食盐中毒

家兔食盐中毒是食盐摄入体内过多而饮水不足所引起的中毒性疾病。

【病　因】 饲料中食盐添加过多或使用食盐含量过高鱼粉，饮水不足；有些地区用咸水喂兔等，都可引起中毒。

【症状与病变】 病初食欲减退，精神沉郁，结膜潮红，口渴，腹泻成堆。随后兴奋不安，头部震颤，步样蹒跚。严重的呈癫痫样痉挛，角弓反张，呼吸困难，牙关紧闭，卧地不起而死。剖检见出血性胃肠炎，胸腺出血，肺、脑膜充血、出血、水肿等病变；组织上见嗜酸性粒细胞性脑炎。

【诊断要点】 ①有饲喂过多食盐史；②表现结膜充血、不安、昏迷等神经症状；③出血性胃肠炎，嗜酸性粒细胞性脑炎；④饲料、胃肠内容物氯化钠检测。

【防治措施】

1. 预防 严格掌握饲料中食盐添加剂量，使用鱼粉时要将其中含盐量计算在内，供给充足清洁饮水。

2. 治疗 供给充足清洁饮水的同时，内服油类泻剂 5～10 毫升。根据症状，采取镇静、补液、强心等措施。

【诊疗注意事项】 根据症状和眼观病变常难以做出诊断，因此最好做脑组织切片和饲料、胃内容物氯化钠含量检测。

（八）霉菌毒素中毒

霉菌毒素中毒是指家兔采食了发霉饲料而引起的中毒性疾病。是目前危害养兔生产的主要疾病之一。

【病　因】 自然环境中，许多霉菌寄生于含淀粉的粮食、糠麸、粗饲料上，如果温度（28℃左右）和湿度（80%～100%）适宜，就会大量生长繁殖，有些会产生毒素，家兔采食即可引起中毒。常见的毒素有黄曲霉毒素、赤霉菌毒素等。

【症状与病变】 精神沉郁，不食，便秘后腹泻，粪便带黏液或血，流涎，口唇皮肤发绀。常将两后肢的膝关节凸出于臂部两侧，呈“山”字形伏卧笼内，呼吸急促，出现神经症状，后肢软瘫，全身麻痹。母兔不孕，妊娠母兔流产。慢性者精神萎靡，不食，腹围膨大。剖检见肺充血、出血。肠黏膜易脱落，肠腔内有白色黏液。肾、脾肿大，淤血。有的盲肠积有大量硬粪，肠壁菲薄，有的浆膜有出血斑点。

【诊断要点】①有饲喂霉变饲料史；②触诊大肠内有硬结；③肺、肾、脾淤血肿大等病变；④检测饲料霉菌或毒素。

【防治措施】

1. 预防 禁喂霉变饲料是预防本病的重要措施。在饲料的收集、采购、加工、保管等环节加以注意。饲料中添加防霉制剂如 0.1% 丙酸钠或 0.2% 丙酸钙对霉菌有一定的抑制作用。

2. 治疗 首先停喂发霉饲料，用 2% 碳酸氢钠溶液 50～100 毫升灌服洗胃，然后灌服 5% 硫酸钠溶液 50 毫升，或稀糖水 50 毫升，外加维生素 C 2 毫升。或将大蒜捣烂喂服，每只每次 2 克，1 天 2 次。10% 葡萄糖 50 毫升，加维生素 C 2 毫升，静脉注射，每天 1～2 次；或氯化胆碱 70 毫升、维生素 B_{12} 5 毫克、维生素 E 10 毫克，1 次口服。

【诊疗注意事项】 霉菌毒素种类不同，症状、剖检各异。注意与其他中毒性疾病鉴别。

（九）有毒植物中毒

有毒植物中毒是指家兔食入某些有毒植物而引起的具有中毒表现的一类疾病。

【病　因】 能引起家兔中毒的植物主要有：阔叶乳草、三叶草、毒芹、蓖麻、曼陀罗、毛茛、苍耳、夹竹桃、秋水仙等。收割牧草时不注意，在牧草中混进有毒的草或其他植物也可以导致误食中毒。能引起兔中毒的植物化学成分有生物碱、氢氰酸、甙类（氰甙、硫氰甙、强心甙和皂甙等）、植物蛋白、感光物质、草酸、挥发油和鞣质等。

【症状与病变】 一般来说，植物中毒的临诊症状为低头、流涎，全身肌肉程度不同的松软或麻痹，体温下降，排出柏油状粪便。但植物种类不同，中毒的症状和病变不完全相同。

1. 毒芹中毒 腹部膨大，痉挛（先由头部开始，逐渐波及全身），脉搏增速，呼吸困难。曼陀罗中毒：初期兴奋，后期变

为抑郁，痉挛及麻痹。

2. 三叶草中毒 影响排卵和受精卵在子宫内植入，引起不孕，这可能与三叶草中雌激素的含量很高有一定的关系。

3. 蓖麻中毒 主要病变为出血性胃肠炎和各实质脏器变性和坏死，肝脏出血、变性、易碎，脑质出血，神经细胞变性，毛细血管高度扩张。

4. 毛茛中毒 流涎、呼吸缓慢、血尿及腹泻。

5. 夹竹桃中毒 心律失常和出血性胃肠炎等。

【诊断要点】①检查饲草种类。②群发，采食量大的家兔易发病或病情严重。③特殊的临诊症状。④确诊需进行具体植物定性或定量分析。

【防治措施】

1. 预防 了解当地存在的有毒植物种类，提高饲养管理人员识别有毒植物的能力。加强饲养管理，对于饲草中不认识的草类或怀疑有毒的植物要彻底清除。

2. 治疗 怀疑有毒植物中毒时，必须立即停喂可疑饲草；对发病的家兔，可内服1%鞣酸液或活性炭，并给以盐类泻剂，清除胃肠内毒物。根据病兔症状可采取补液、强心、镇痉等措施。

【诊疗注意事项】诊断时应根据症状、食入有毒饲料种类进行综合判断。

三、产科病

（一）生殖器官炎症

生殖器炎症是指非传染性原因所致的生殖器官炎症的总称，包括母兔的阴部炎、阴道炎和子宫内膜炎及公兔的包皮炎和阴囊炎等，这是家兔常见的一类炎症性疾病。

【病　因】 母兔生殖器炎症多由于分娩或外伤感染造成。公兔生殖器炎症常因包皮内蓄积污垢、寄生虫或外伤等引起。

【症状与病变】

1. 阴部炎 外阴红肿，严重时溃烂并结痂，有的发生脓肿。

2. 阴道炎 阴道黏膜肿胀、充血及溢血，从阴道内流出不同性状的分泌物。

3. 子宫内膜炎 从阴道内排出污秽恶臭的白色分泌物，母兔时常努责，屡配不孕。剖检可见子宫壁有白色脓汁，子宫浆膜上有脓肿。

4. 包皮炎 包皮热痛肿胀，尿流不齐，积垢坚硬如石，严重时排尿困难。包皮阴茎发炎，内有白色脓汁。

5. 阴囊炎 阴囊皮肤呈炎性充血肿胀，严重时化脓破溃。如炎症波及内部组织，则睾丸可肿大。

【诊断要点】 根据临诊症状一般可做出初步诊断。母兔生殖器炎症多伴有屡配不孕。

【防治措施】

1. 预防 保持兔笼清洁卫生，除去有尖刺的异物。3 月龄以上兔要分笼饲养，严禁相互咬架，防止外伤。一旦发现有外伤，及时用碘酒涂搽。发现病兔，立即隔离，并禁止患本病的兔参加配种。

2. 治疗 患部先用 0.1% 高锰酸钾溶液、3% 过氧化氢水、0.1% 雷佛奴尔或 0.1% 新洁尔灭溶液清洗，再涂消炎软膏，每天 2～3 次，并配合全身治疗，如肌内注射青霉素，每只兔 10 万单位。也可口服磺胺噻唑，首次量每千克体重 0.2 克，每天 3 次，维持量减半。为促进子宫腔内分泌物的排出，可使用子宫收缩剂，如皮下注射垂体后叶素 2 万～4 万单位。

【诊疗注意事项】 母兔患子宫内膜炎、子宫积脓等疾病时，最好做淘汰处理。

（二）不孕症

不孕症是引起母兔暂时或永久性不能生殖的各种繁殖障碍的总称。

【病　因】①母兔过肥、过瘦，饲料中蛋白质缺乏或质量差，维生素A、E或微量元素等含量不足，换毛期间内分泌机能紊乱。②公兔过肥，长时间不用。配种方法不当。③各种生殖器官疾病，如子宫炎，阴道炎，卵巢脓肿、肿瘤，胎儿滞留等。④生殖器官先天性发育异常等。

【症状与病变】母兔在性成熟后或产后一段时间内不发情或发情不正常（无发情表现、微弱发情、持续性发情等），或母兔经屡配或多次人工授精不受胎。母兔过肥，卵巢被脂肪包围排卵受阻。正在换毛的兔易造成屡配不孕。剖检可见子宫积脓、卵巢肿瘤或生殖器官先天异常等。

【诊断要点】多次配种不孕。子宫积脓、卵巢肿瘤等可通过触诊进行判定。

【防治措施】

1. 预防　要根据不孕症的原因制订防治计划，如加强饲养管理，供给全价饲粮，保持种兔正常体况，防止过肥、过瘦。光照充足。掌握发情规律，适时配种。及时治疗或淘汰患生殖器官疾病的种兔。对屡配不孕者应检查子宫状况，有针对性的采取相应措施。

2. 治疗　①过肥的兔通过降低饲料营养水平或控制饲喂量降低膘情，过瘦的种兔采取增加饲料营养水平或饲喂量，恢复体况。②若因卵巢机能降低而不孕，可试用激素治疗。皮下或肌内注射促卵泡素（FSH），每次0.6毫克，用4毫升生理盐水溶解，每天2次，连用3天，于第4天早晨母兔发情后，再经耳静脉注射2.5毫克促黄体素（LH），之后马上配种。用量一定要准，量过大反而效果不佳。

【诊疗注意事项】 对因体况造成的不孕可通过调整营养供应进行治疗。

（三）宫 外 孕

宫外孕是指胚胎在腹腔异常发育终致死亡的过程。

【病 因】 原发性极为少见，继发性多见，一般多因输卵管破裂或妊娠母兔子宫破裂使胚囊突入腹腔，但仍与附着在输卵管或子宫上的胎盘保持联系，故胚胎可继续生长，但由于胚盘附着异常，血液供应不足，胎儿生长至一定体积即死亡。

【典型症状】 患兔精神、食欲正常，但母兔拒配或配而不孕。外观腹围增大，用手触摸时，腹腔有胎儿，胎儿大小不一，但迟迟不见产仔。剖腹产或剖检时可见胎儿附着于胃小弯部的浆膜上、盆腔部或腹壁，胎儿大小不一，有成形的，有未成形的，胎儿外部常有一层较薄的膜或脂肪包裹着。

【诊断要点】 根据症状、触诊和剖检结果可做出诊断。

【防治措施】

1. 预防 保持饲养环境安静是预防本病的重要措施。

2. 治疗 如确认系宫外孕，可采取手术取出死亡胎儿。一般术后良好，可继续配种繁殖。

【诊疗注意事项】 受胎而不产是本病指示性症状之一，但其他生殖器官的疾病也会出现，因此对本病的诊断要仔细、全面。

（四）流产和死产

流产是胎儿或（和）母体的生理过程受到破坏所导致的妊娠未足月即排出胎儿，妊娠足月但产出死胎称为死产。

【病 因】 引起流产的原因很多，主要有机械性、精神性、药物性、营养性、中毒性和疾病性等原因。母兔群体发生流产时要考虑营养性、中毒性和疾病性，如饲料中维生素 A、维生素 E 缺乏，饲料霉变和李氏杆菌等疾病。

一般初产母兔出现死胎的较多。机械性、营养缺乏、中毒和疾病（如沙门氏菌病、妊娠毒血症）等均可引起死产。

【症状与病变】 多数母兔突然流产，一般无特征表现，只是在兔笼内发现有未足月的胎儿、死胎或仅见血迹才被注意。发病缓慢者，可见如正常分娩一样的衔草、拉毛营巢等行为，但产出不成形的胎儿。有的胎儿多数被母兔吃掉或掉入笼底板下。流产后母兔精神不振，食欲减退，体温升高，有的母兔在流产过程中死亡。仔兔出生时即死亡，为死产。

【诊断要点】 发现兔笼底板有未足月的胎儿或仅见有血迹，触摸妊娠母兔无胎儿时，即可确诊为本病。

【防治措施】

1. 预防 本病关键在于预防，根据病因采取相应的措施。

2. 治疗 发现有流产征兆的母兔可用药物进行保胎，方法是肌内注射黄体酮 15 毫克。流产母兔易继发阴道炎、子宫炎，应使用磺胺等抗生素类药物控制炎症以防感染，同时应加强营养，防止受凉，待完全恢复健康后才能进行配种。

对于第二窝之后死胎率仍然很高的母兔，在无其他原因的情况下要予以淘汰。

【诊疗注意事项】 对于习惯性流产和经常性产死胎的母兔做淘汰处理。

（五）难　产

难产是妊娠母兔分娩时胎儿不能从母体顺利产出的一种疾病。

【病　因】 ①产力性难产。母兔产力不足，无法排出胎儿，常见于母兔过肥或过瘦、过度繁殖、缺乏运动或年龄过大。②胎儿性难产。与之交配的公兔体型过大，妊娠期营养过剩，胎儿过大，或胎儿异常、畸形，胎势不正等。③生殖器畸形，产道狭窄。骨盆狭小或骨折变形、盆腔肿瘤都可造成产道狭窄引起难产。

【症状与病变】 妊娠母兔已到产期，拉毛做窝，有子宫阵缩

努责等分娩预兆，但不能顺利产出仔兔；或产出部分仔兔后仍起卧不安，鸣叫，频频排尿，也有从阴门流出血水，有时可见胎儿的部分肢体露出阴门外。

【诊断要点】 主要根据母兔子宫有阵缩努责等分娩预兆，但不能顺利产出仔兔可诊断。

【防治措施】

1. 预防 ①加强饲养管理，防止母兔过肥或过瘦。②母兔过早交配或过晚交配、繁殖，初产母兔的难产发生率均有不同程度的提高，所以必须适时配种。③避免近亲繁殖。④母兔产前要加强运动。临产时应保持周围环境绝对安静。

2. 治疗 ①产力不足者，可先往阴道内注入0.5%普鲁卡因2毫升，使子宫颈张开。过5～10分钟肌内注射催产素5单位，同时配合腹部按摩。使用催产素前胎位必须正确，否则会造成母仔双亡。②对催产素无效、骨盆狭窄、胎头过大、胎位胎向不正者，可首先进行局部消毒，产道内注入温肥皂水，操作者用手指或助产器械矫正胎位、胎向，将仔兔拉出。如果仍不能拉出胎儿，可进行剖腹产。③死胎造成的难产，可用消毒的人用导尿管插入子宫，用注射器灌入温青霉素生理盐水（100毫升生理盐水添加青霉素10万～20万单位），直至从阴门流出为度，一般经30分钟死胎儿可被排出，母兔即恢复正常。

剖腹产手术：仰卧保定母兔，局部消毒并麻醉，在腹部后端至耻骨前缘的腹正中线处切开，取出子宫，用消毒纱布将子宫和腹壁刀口隔开，切开子宫取出胎儿，缝合子宫并纳于腹腔，最后结节缝合腹壁。术后用青霉素肌内注射3～5天，以防感染。对于尚存活的胎儿，应立即打开胎胞，取出胎儿，夹断脐带，擦净身上、鼻孔处的黏液，让仔兔吃到初乳。

（六）产后瘫痪

产后瘫痪是母兔分娩前后突然发生的一种严重代谢性疾病，

其特征是由于低血钙而使知觉丧失及四肢瘫痪。

【病 因】 饲料中缺钙、频密繁殖、产后缺乏阳光、运动不足和应激是致病的主要原因，尤其是母兔产后遭受到贼风的侵袭时最易发生。分娩前后消化功能障碍及雌激素分泌过多，也可引起发病。

【症状与病变】 一般发生于产后 2～3 周，有时在 24 小时内发生，个别母兔发生在临产前 2～4 天。发病突然，精神沉郁，坐于角落，惊恐胆小，食欲下降甚至废绝。轻者跛行、半蹲行或匍匐行进，重者四肢向两侧叉开，不能站立。反射迟钝或消失，全身肌肉无力，严重者全身麻痹，卧地不起。有时出现子宫脱出或出血症状。体温正常或偏低，呼吸慢，泌乳减少或停止。

【诊断要点】 有行走困难、肢体麻痹、瘫卧等典型症状。实验室检查血清钙含量明显降低严重的可下降至每升 70 毫克以下（正常含量为每升 250 毫克）。

【防治措施】

1. 预防 对妊娠后期或哺乳期母免，应供给钙、磷比例适宜和维生素 D 充足的饲粮。

2. 治疗 用 10% 葡萄糖酸钙 5～10 毫升、50% 葡萄糖 10～20 毫升，混合一次静脉注射，1 次 / 天。也可用 10% 氯化钙 5～10 毫升与葡萄糖静脉注射。或维丁胶性钙 2 毫升，肌内注射。有食欲者饲料中加服糖钙片 1 片，每天 2 次，连续 3～6 天。同时调整饲粮鱼粉、骨粉和维生素 D 含量。

【诊疗注意事项】 产后瘫痪注意与创伤性脊椎骨折作鉴别，但前者用针刺后肢有明显反应，后者则无反应。

（七）乳 房 炎

乳房炎是家兔乳腺组织的一种炎症性疾病，严重危害繁殖母兔。

【病 因】 ①乳腺中过多乳汁的刺激。母兔妊娠末期、哺乳

初期大量饲喂精料，营养过剩，产仔后乳汁分泌多而稠，或因仔兔少或仔兔弱小不能将乳房中的乳汁吸完，均可使乳汁在乳房里长时间过量蓄积而引起乳房炎。②创伤感染。乳房受到机械性损伤后伴有细菌感染，如仔兔啃咬、抓伤、兔笼和产箱进出口的铁丝等尖锐物刺伤等。创伤感染的病原菌主要有金黄色葡萄球菌、链球菌等。③其他传染病时可伴发乳房炎。④兔舍及兔笼卫生条件差，也容易诱发本病。

【症状与病变】

1. 急性乳房炎 精神沉郁，食欲降低或废绝，体温升高，伏卧，拒绝哺乳。初期乳房局部红、肿、热、痛，稍后即呈蓝紫色，甚至呈乌黑色，若不及时治疗，多在2～3天内因败血症而死亡。

2. 慢性乳房炎 常由急性乳房炎转变而来。病兔一个或多个乳头发炎，局部红、肿、热、痛症状有一定减轻，但触之乳房坚硬，内有肿块，拒绝哺乳。

3. 化脓性乳房炎 多由化脓菌引起或由急性乳房炎转变而来。化脓性乳房炎表现为乳腺内有单发或多发脓肿。患部坚硬，患兔步行困难，拒绝哺乳，精神不振，食欲减退，体温可达40℃以上。剖检可见乳腺区内有大小不等的脓肿，内含白色乳油状脓汁。有时乳腺内脓肿可使乳房皮肤破溃并向外排出脓汁。

患乳房炎母兔的仔兔易发生黄尿病。

【诊断要点】 ①多发生于产后5～25天。②仔兔相继死亡或患黄尿病。③乳房炎的特征症状和病变。

【防治措施】

1. 预防 ①根据仔兔数量，适当调整产前、产后精料、多汁饲料饲喂量，以防引起乳汁分泌的异常（过稠过多或过稀过少），避免引起乳房炎。②保持兔笼和运动场的清洁卫生，清除尖锐物，特别要保持兔笼和产箱进出口处的光滑，以免损伤乳头。③对本病发生率较高的兔群，除改善饲养管理制度外，繁殖母兔皮下注射葡萄球菌苗 2 毫升，每年 2 次，可减少本病发生。

2. 治疗　患病初期 24 小时内先用冷毛巾冷敷，同时挤出乳汁，1 天后用热毛巾进行热敷，每次 15～30 分钟，每天 2～3 次，或涂搽 5% 鱼石脂软膏。局部用青霉素普鲁卡因混合液（青霉素 3 万～5 万单位，0.25% 普鲁卡因溶液 30～50 毫升）进行封闭注射，患部周围分 4～6 点，皮下注射，可隔 1～2 天再进行封闭 1 次，连续 2～3 次即收效。同时用青霉素、链霉素各 20 万单位进行肌内注射，每天 2 次，连续 3～5 天。如发生脓肿，则需开刀排脓。手术治疗虽然可康复，但泌乳机能会受到影响。对于多个乳腺发生的脓肿，最好做淘汰处理。

【诊疗注意事项】 诊疗时一定要考虑病因及原发病。

（八）阴 道 脱

本病为阴道壁的一部分或全部翻出于阴门外。

【病　因】 过度努责或阴道组织松弛，体质虚弱、运动不足及剧烈腹泻等均可引起本病。

【症状与病变】 患兔精神不振，食欲下降或废绝。笼底有血迹，后肢、尾部沾有血液，阴门外有呈球形红色组织（阴道）凸出，淤血、水肿。脱出时间较长时翻出的阴道黏膜可发炎或坏死。

【诊断要点】 产前产后母兔多发。根据症状即可确诊。

【防治措施】

1. 预防　加强饲养管理，适当增加光照和运动。

2. 治疗　先清除阴道黏膜黏附的粪便、兔毛等污物，再用 3% 温明矾水溶液浸洗脱出部，使其收缩。若脱出时间较长，用盐水清洗，使其脱水缩小以便整复。清洗后，由助手提起患兔的两后肢，操作者一手轻轻托起脱出部，一手用三指交替地从四周将其仔细推入体内。然后往阴道内放入广谱抗生素 1 片（如金霉素），并提起后肢将患兔左右摇摆几次，拍击患兔臀部以助收缩复位。然后肌内注射抗生素。

【诊疗注意事项】 阴道修复时除严格清洗消毒外，操作要大胆心细，使其顺利送入，又不致黏膜受损。

（九）妊娠毒血症

妊娠毒血症是家兔妊娠末期营养负平衡所致的一种代谢障碍性疾病，由于有毒代谢产物的作用，致使出现意识和运动机能紊乱等神经症状。主要发生于妊娠母兔产前 4～5 天或产后。

【病　因】 病因仍不十分清楚，但妊娠末期营养不足，特别是碳水化合物缺乏易发本病，尤以怀胎多且饲喂不足的母兔多见。可能与内分泌机能失调、肥胖和子宫肿瘤等因素有关。

【症状与病变】 初期精神极度不安，常在兔笼内无意识漫游，甚至用头顶撞笼壁，安静时缩成一团，精神沉郁，食欲减退，全身肌肉间歇性震颤，前后肢向两侧伸展，有时呈强直痉挛。严重病例出现共济失调，惊厥，昏迷，最后死亡。剖检见心脏增大，心内外膜均有黄白色条纹，肠系膜脂肪有坏死区。肝脏、肾脏肿大，带黄色。组织上可见明显的肝和肾脂肪变性。

【诊断要点】 ①本病只发生于母兔如妊娠与泌乳母兔，其他年龄母兔、公兔不发生。②临诊症状和病理特点。③血液中非蛋白氮显著升高，血糖降低和蛋白尿。

【防治措施】

1. 预防 合理搭配饲料，妊娠初期，适当控制母兔营养，以防过肥。妊娠末期，饲喂富含碳水化合物的全价饲料，避免不良刺激如饲料和环境突然变化等。

2. 治疗 添加葡萄糖可防止酮血症的发生和发展。治疗的原则是保肝解毒，维护心、肾功能，提高血糖，降低血脂。发病后口服丙二醇 4 毫升，每天 2 次，连用 3～5 天。还可试用肌醇 2.0 毫升、10%葡萄糖 10 毫升、维生素 C 100 毫克，一次静脉注射，每天 1～2 次。肌内注射复合维生素 B 1～2 毫升，有辅助治疗作用。

【诊疗注意事项】本病治疗效果缓慢，要耐心细致。

四、内 科 病

（一）腹 泻

腹泻不是独立性疾病，是泛指临床上具有腹泻症状的疾病，主要表现是粪便不成球，稀软，呈粥状或水样。

【病 因】①饲料配方不合理，如精料比例过高即高蛋白高能量，低纤维。②饲料质量。饲料不清洁，混有泥沙、污物等。饲料含水量过多，或吃了大量的冰冻饲料。饮水不卫生。③饲料突然更换，饲喂量过多。④兔舍潮湿，温度低，家兔腹部着凉。⑤口腔及牙齿疾病。

此外，引起腹泻的原因还有某些传染病、寄生虫、中毒性疾病和以消化障碍为主的疾病，这些疾病各有其固有症状，并在本书各种疾病中专门介绍，在此不再赘述。

【症状与病变】病兔精神沉郁，食欲不振或废绝。饲料配方和饲养管理不当引起的腹泻，病初粪便只是稀、软，但粪便性质未变，如果控制不当，就会诱发细菌性疾病如大肠杆菌病、魏氏梭菌病等，粪便就会出现黏液、水样等。

【诊断要点】①有饲养管理不当、兔舍温度低等应激史；②粪便不成形，但性质未变。

【防治措施】

1. 预防 饲料配方设计合理，饲料、饮水卫生、清洁。变化饲料要逐步进行。幼兔提倡定时定量饲喂技术。兔舍要保温、通风、干燥和卫生。

2. 治疗 在消除病因的同时控制饲喂量，不能控制时应及早应用抗生素类药物（如庆大霉素等），以防激发感染。对脱水

严重的病兔，可灌服补液盐（配方为：氯化钠3.52克，碳酸氢钠2.5克，氯化钾1.58克，葡萄糖20克，加凉开水1 000毫升），或让病兔自由饮用。

【诊疗注意事项】 腹泻种类很多，原因复杂，找出病因，采取有针对性的防控措施，才能收到较好的治疗效果。

（二）便　秘

便秘是指家兔排粪次数和排粪量减少，排出的粪便干、小、硬，是家兔常见消化系统疾病之一。

【病　因】 引起家兔便秘除热性病、胃肠弛缓等全身性疾病因素外，饲养管理不当是主要原因，如以颗粒饲料为主，饮水不足；青饲料缺乏；饲料品质差，难以消化；饲喂过多含单宁多的饲料如高粱等；饲料中食有泥沙或混入兔毛；饲喂不定时，过度贪食；饮水不洁或运动不足等均可诱发本病。

【症状与病变】 患病初期，精神稍差，食欲减退，喜欢饮水，粪便干、小、两头尖、硬，腹痛腹胀，患兔常头颈弯曲，回顾腹部、肛门、起卧不宁。随着病程进展，停止排便，腹部膨大肚胀，用手触摸可感知有干硬的粪球颗粒，并有明显的触痛。如果不及时采取措施，因粪便长期滞留在胃肠而导致自体中毒，或因呼吸困难、心力衰竭而死。剖检发现结肠和直肠内充满干硬成球的粪便，前部肠管积气。

【诊断要点】 根据粪便少、小、硬等可做出诊断。

【防治措施】

1. 预防　加强饲养管理，合理搭配青粗饲料和精饲料，经常供给家兔清洁饮水，饲喂定时定量，加强运动，限量饲喂高粱等易引起便秘的饲料。

2. 治疗　对患兔应及时去除病因，停止饲喂，供给清洁饮水，适当增加运动，按摩腹部。治疗时应注意制酵和通便。常用药物有：①人工盐，成年兔5～6克，幼兔减半，加适量温水口服。②植物油，每只每天口服 10～20 毫升。③石蜡油，成年兔 15 毫升，幼兔减半，加等量温水口服。④果导片。成年兔每次 1 片，每天 3 次。⑤温肥皂水或高锰酸钾水，用人用导尿管灌肠，每次 30～40 毫升，效果甚佳。

（三）中　暑

中暑又称日射病或热射病，是家兔因气温过高或烈日暴晒所致的中枢神经系统机能紊乱的一种疾病。家兔汗腺不发达，体表散热慢，极易发生本病。

【病　因】 ①气温持续升高，兔舍通风不良，兔笼内密度过大，散热慢。②炎热季节兔只进行车船长途运输，装载过于拥挤，中途又缺乏饮水。③露天兔舍，遮光设备不完善，兔体长时间受烈日暴晒。

【症状与病变】 据试验，在 35℃条件下，家兔在不到 1 个小时即可出现中暑表现。病初患兔精神不振、食欲减少甚至废绝，体温升高。用手触摸全身有灼热感。呼吸加快，结膜潮红，口腔、鼻腔和眼结膜充血，鼻孔周围湿润。卧地，行走举步不稳，摇晃不定。病情严重时，呼吸困难，静脉淤血，黏膜发绀，从口腔和鼻中流出带血色的液体。病兔常伸腿伏卧，头前伸，下颌着地，四肢间歇性震颤或抽搐，直至死亡。有时则突然虚脱、昏倒，呈现痉挛而迅速死亡。剖检可见胸腺出血，肺部淤血、水肿，心脏充血、出血，腹腔内有纤维素漏出，肠系膜血管淤血，肠壁、脑部血管充血。触摸腹腔内器官有灼烧感。

【诊断要点】 长毛兔、獭兔、妊娠兔易发。根据长时间高温环境及典型症状与病变可做出诊断。

【防治措施】

1. 预防　当气温超过 35℃时，通过打开通风设备、用冷水喷洒地面、降低饲养密度等措施，以增加兔舍通风量，降低舍温。露天兔舍应加设荫棚。

2. 治疗 首先将病兔置于阴凉通风处，可用电风扇微风降温，或在头部、体躯上敷以冷水浸湿的毛巾或冰块，每隔数分钟更换一次，加速体热散发。药物治疗，可用十滴水 2～3 滴，加温水灌服，或仁丹 2～3 粒。用 20% 甘露醇注射液，或 25% 山梨醇注射液，每次 10～30 毫升，静脉注射。对于有抽搐症状的病兔，用 2.5% 盐酸氯丙嗪注射液，每千克体重 0.5～1.0 毫升，肌内注射。

（四）肠套叠

肠套叠是指在某些致病因素的刺激作用下，某段肠管蠕动异常增强并进入相邻段肠管，引起局部肠管阻塞和形态与机能变化的病理过程。

【病　因】 家兔采食冰冻饲料、冰块、受寒、感冒、惊恐、肠道异物或肿瘤等刺激，以及发生其他疾病（如兔瘟等）时，都可引起肠套叠的发生。

【症状与病变】 肠套叠一旦发生，会突然出现剧烈腹痛症状，表现不安，起卧，打滚，呼吸困难，脉搏加快，并迅速继发胃肠臌气，最后精神沉郁。可能排黏性血便。触诊时感觉到腹肌紧张，套叠段肠管硬实、敏感、疼痛。剖检可见套叠部肠段紫红、肿胀，有炎症变化。套叠消化道前段臌气、充满食糜。

【诊断要点】 生前根据典型症状和触诊一般可做出诊断，剖检可做出确诊。

【防治措施】

1. 预防 保持兔舍安静。冬季防止家兔吞食冻冻饲料和冰块，注意保暖。

2. 治疗 以手术为主。病初肠管病变较轻时，可整复套叠段肠管后调理胃肠机能。病程稍长，套叠段肠管已坏死粘连而无法整复者，应将其截断并进行肠管吻合。因肿瘤或异物引起的，要同时摘除肿瘤和排除异物。术后应用抗生素治疗，连用 3 天，

以防感染。

【诊疗注意事项】 生前易和其他肠变位的症状混淆，注意鉴别。

五、外 科 病

（一）溃疡性脚皮炎

溃疡性脚皮炎是指家兔跖骨部的底面，以及掌骨、指（趾）骨部的侧面所发生的损伤性溃疡性皮炎。獭兔极易发生。

【病　因】 笼底板粗糙、高低不平，金属底网铁丝太细、凹凸不平及兔舍过度潮湿均易引发本病。神经过敏、脚毛不丰厚的成年兔、大型兔种较易发生。

【典型症状与病变】 患兔食欲下降，体重减轻，驼背，呈踩高跷步样，四肢频频交换支持负重。跖骨部底面或掌部侧面皮肤上覆盖干燥硬痂或大小不等的局限性溃疡。溃疡部可继发细菌感染，有时在痂皮下发生脓肿（多因金黄色葡萄球菌感染）。

【诊断要点】 獭兔易感，笼底制作不规范的兔群易发。后肢多发。有上述典型症状与病变。

【防治措施】

1. 预防 兔笼地板以竹板为好，笼地要平整，竹板上无钉头外露，笼内无锐利物等。保持兔笼、产箱内清洁、卫生、干燥。选择脚毛丰厚者作种用。

2. 治疗 先将患兔放在铺有干燥、柔软的垫草或木板的笼内。治疗方法有：①用橡皮膏围病灶重复缠绕（尽量放松缠绕），然后用手轻握压，压实重叠橡皮膏，20～30 天可自愈。②先用 0.2% 醋酸铝溶液冲洗患部，清除坏死组织，并涂搽 15% 氧化锌软膏或土霉素软膏。当溃疡开始愈后时，可涂搽 5% 龙胆紫溶液。如病变部形成脓肿，应按外科常规排脓后用抗生素药物进行治疗。

【诊疗注意事项】 局部治疗应和全身治疗结合。

（二）结 膜 炎

结膜炎是指眼睑结膜、眼球结膜的炎症性疾病。在规模兔场较为常见。

【病 因】 ①机械性因素，如灰尘、沙土或草屑等异物进入眼中，眼睑外伤，寄生虫的寄生等。②理化因素，如兔舍密闭，饲养密度大，粪尿不及时清除，通风条件不好，致使兔舍内空气污浊，氨气等有害气体刺激兔眼；化学消毒剂、强光直射及高温的刺激。③饲粮中缺乏维生素 A，感染巴氏杆菌等。

【症状与病变】 病初，结膜轻度潮红、肿胀，流出少量浆液性分泌物。随后则流出大量黏液性分泌物、眼睑闭合，下眼睑及两颊被毛湿润或脱落，眼多有痒感。如不及时治疗，常发展为化脓性结膜炎，眼睑结膜严重充血、肿胀，从眼中排出或在结膜囊内积聚多量黄白色脓性分泌物，上下眼睑无法睁开。如炎症侵害角膜，可引起角膜浑浊、溃疡，甚至造成家兔失明。

【诊断要点】 根据眼的症状和病变可做出诊断。

【防治措施】

1. 预防 保持兔舍、兔笼清洁卫生，及时清除粪尿，增加通风量。用化学药物消毒时要注意消毒剂的浓度及消毒时间，防止有害气体对兔眼的刺激。避免阳光直射。经常喂给富含维生素 A 的饲料，如胡萝卜、青草等。及时治疗巴氏杆菌病等。

2. 治疗 首先要消除病因，用无刺激的防腐、消毒、收敛药液清洗患眼，如 2%～3% 硼酸溶液等。清洗之后选用抗菌消炎药物滴眼或涂敷，如 0.5% 金霉素眼药水、0.5% 土霉素眼膏、四环素可的松眼膏、0.5% 氢化可的松眼药水、10% 磺胺醋酰钠溶液等。分泌物过多时，可用 0.25% 硫酸锌眼药水。对角膜浑浊，可涂敷 1% 黄氧化汞软膏，或将甘汞和葡萄糖等量混匀吹入眼内。为了镇痛，可用1%～3%普鲁卡因溶液滴眼。重者可同时进行全身治疗如应用抗生素或磺胺类药物。

【诊疗注意事项】 注意非传染性结膜炎与传染性结膜炎的鉴别。对传染病伴发的结膜炎，应同时对原发病进行治疗。

（三）角 膜 炎

角膜炎主要是指角膜的病变，即以角膜浑浊、溃疡或穿孔，角膜周边形成新生血管为特征。

【病 因】 机械性损伤、眼球突出或泪缺乏等，是引起浅表性角膜炎或溃疡性角膜炎的主要原因。

【症状与病变】 浅表性角膜炎早期，患眼畏光，角膜上皮缺损或浑浊，有少量浆液黏液性分泌物；若治疗不当或继发细菌感染，容易形成溃疡即溃疡性角膜炎。角膜缺损或溃疡恶化，常表现为后弹力层膨出，进而可发展为角膜穿孔和虹膜前粘连，以至于视力丧失。间质性角膜炎大多呈深在性弥漫性浑浊，透明性呈不同程度降低。

【诊断要点】 浅表性角膜炎和溃疡性角膜炎症状典型，容易诊断。

【防治措施】

1. 预防 抓兔要注意防止眼部受损。

2. 治疗 对浅表性角膜炎（无明显角膜损伤），可用复方新霉素眼药水或点必舒滴眼液等滴眼，每天滴眼3～4次；对于角膜损伤或溃疡，可用半胱氨酸滴眼液配合角膜宁、贝复舒或爱丽眼药水滴眼。对于间质性角膜炎，要分析病因和采取针对性疗法。

【诊疗注意事项】 诊断时要注意浅表性角膜炎与间质性角膜炎作区别。浅表性角膜炎因表面浑浊而失去透明层；间质性角膜炎一般少见眼分泌物，从患眼侧面视诊，可见角膜表面被有完整上皮与泪腺构成的透明层。两者病因不同，正确地鉴别有助于合理治疗。对于角膜缺失或溃疡的病例，禁用含皮质类固醇的眼药水，因其影响角膜上皮和基质再生，不利于愈合，容易引起角膜穿孔。

（四）湿性皮炎

湿性皮炎是皮肤长期潮湿并继发细菌感染而引起的多种皮肤炎症。

【病 因】下颌、颈下、肛门或后肢等部皮肤当长期潮湿并继发多种细菌感染后即可引起皮肤的炎症。口腔疾病流涎、饮水器位置偏低使兔体长时间靠在其上以及长期腹泻等，都可造成局部皮肤潮湿，从而为细菌的继发感染和繁殖创造了条件。

【症状与病变】患部皮肤发炎，呈现脱毛、糜烂、溃疡甚至组织坏死以及皮肤颜色的变化等。潮湿部可继发多种细菌，常见的为绿脓杆菌、坏死杆菌，如为前者，局部被毛可呈绿色，故有人称为"绿毛病"、"蓝毛病"。如为坏死杆菌感染，皮肤与皮下组织发生坏死，常呈污褐色甚至黑褐色，严重时可因败血症或脓毒败血症而死亡。

【诊断要点】根据局部病变一般可做诊断。

【防治措施】

1. 预防 及时治疗口腔、牙齿疾病。根据兔的大小，饮水器位置要适当，不能过低。笼内要保持清洁、干燥。常换产箱垫草。及时治疗腹泻病。

2. 治疗 先剪去患部被毛，用0.1%新洁尔灭洗净，局部涂搽四环素软膏，10～14天为一疗程；或用3%过氧化氢清洗消毒后涂擦碘酒。如感染严重，需使用抗生素做全身治疗。

（五）创伤性脊椎骨折

【病 因】捕捉、保定方法不当、受惊乱窜或从高处跌落以及长途运输等原因均可使腰椎骨折、腰荐脱位。

【症状与病变】后躯完全或部分运动突然麻痹，患兔拖着后肢行走。脊髓受损，肛门和膀胱括约肌失控，大小便失禁，臀部被粪尿污染。轻微受损时，也可于较短的时间内恢复。剖检见脊椎某段受损断裂，局部有充血、出血、水肿和炎症等变化，膀胱因积尿而胀大。

【诊断要点】突然发病，症状明显，间椎骨局部有明显病变，骨折常发生在第七椎体或第七腰椎后侧关节突。

【防治措施】

1. 预防 本病无有效的治疗方法，以预防为主。①保持舍内安静，防止生人、其他动物（如狗、猫等）进入兔舍。②正确抓兔和保定兔，切忌抓腰部或提后肢。③关好笼门，防止兔掉下。

2. 治疗 受损严重的淘汰处理。

（六）直肠脱与脱肛

直肠脱是指直肠后段全层脱出于肛门之外，若仅直肠后段黏膜突出于肛门外则称为脱肛。

【病　因】本病的主要原因是慢性便秘、长期腹泻、直肠炎及其他使兔体经常努责的疾病。营养不良，年老体弱，长期患某些慢性消耗性疾病与某些维生素缺乏等是本病发生的诱因。

【症状与病变】病初仅在排便后见少量直肠黏膜外翻，呈球状，为紫红或鲜红色，但常能自行恢复。如进一步发展，脱出部不能自行恢复，且增多变大，使直肠全层脱出而成为直肠脱。直肠脱多呈棒状，黏膜组织水肿、淤血，呈暗红色或青紫色，易出血。表面常附有兔毛、粪便和草屑等污物。随后黏膜坏死、结痂。严重者导致排粪困难，体温、食欲等均有明显变化，如不及时治疗可引起死亡。

【诊断要点】根据症状和病变即可确诊。

【防治措施】

1. 预防 加强饲养管理，适当增加光照和运动，保持兔舍清洁干燥，及时治疗消化系统疾病。

2. 治疗 轻者用0.1%新洁尔灭液等清洗消毒后，提起后肢，由手指送入肛门复位。严重水肿，部分黏膜坏死时，清洗消毒后，小心除去坏死组织，轻轻整复。整复困难时，用注射针头刺水肿部，用浸有高渗液的温纱布包裹，并稍用力压挤出水肿液，再行整复。为防止再次脱出，整复后肛门周围做袋口包缝合，但要注意松紧适度，以不影响排便为宜。为防止剧烈努责，可在肛门上方与尾椎之间注射1%盐酸普鲁卡因液3～5毫升。若脱出部坏死糜烂严重，无法整复，则行切除手术或淘汰。

【诊疗注意事项】 治疗和修复后都应保持兔笼清洁和兔舍安静，以防感染和复发。

（七）疝

疝也称疝气。疝包括多种疝，如腹壁疝、脐疝、阴囊疝等。疝是指腹腔脏器经脐孔、腹肌破孔、腹股沟管等进入脐部皮下、腹部皮下或阴囊中，形成局部性突起或使阴囊扩张。疝的内容物多为小肠或网膜等。

【病　因】 先天性脐部发育缺陷、胎儿出生后脐孔或腹股沟管闭合不全，或腹壁受到撞击使腹膜与腹壁肌肉破裂等，是发生疝的主要原因。

【症状与病变】 病初在腹下或腹下侧壁出现扁平或半球形突起，用手触摸柔软。压迫突起部体积可显著缩小，同时可摸到皮下的疝气孔。脐疝位于脐孔部皮下，阴囊疝则在阴囊。剖检或手术时可见，疝内为肠管、肠系膜或膀胱等脏器，有时这些脏器与疝孔周围的腹膜、腹肌或皮下结缔组织发生粘连。

【诊断要点】 依据病史、症状、病变及触诊摸到疝孔，即可做出诊断。

【防治措施】 本病应淘汰或实施手术治疗。手术的主要操作是分离疝内容物与疝孔缘及疝囊皮下结缔组织的紧密粘连、将瘢痕化的陈旧疝孔修剪为新鲜创伤面、较大的疝孔采用水平褥式缝合、剪除松弛的疝囊皮肤后常规缝合皮肤切口。阴囊疝也可压迫法治疗。术后控制患兔采食量，防止便秘，减少运动。

【诊疗注意事项】兔腹壁较薄，手术时一定要用镊子提起皮肤后再切开，否则容易切破疝囊中的脏器。

（八）耳 血 肿

耳血肿是指耳部皮下血管破裂，血液集聚在耳郭皮肤与耳软组织之间形成的肿块。血肿多发生在耳郭内侧，偶尔也可发生在外侧。

【病　因】 耳血肿多由耳郭受机械性损伤如抓兔提耳等操作不当，造成血管破裂所致。

【症状与病变】 耳血肿一般发生于单侧耳郭，患耳因重量增加常下垂。耳郭局部隆起，与周边界限明显，中心软，无触痛，但有灼热感和弹性。用注射器可从肿块中抽出红色或黄红色液体。全身症状不明显。

【诊断要点】 本病可根据耳郭症状和病变做出诊断。

【防治措施】

1. 预防　严禁提耳抓兔。防止耳部受外力损伤。

2. 治疗　先用16号针头注射器抽出耳郭血肿内的液体，然后用强的松龙1毫升、青霉素20万单位，注射水2毫升，混合后局部封闭，隔日1次，一般3次即可治愈。

【诊疗注意事项】 小的耳血肿一般不需要治疗，由其自然吸收。

（九）骨　折

兔的骨折往往是四肢骨受到损伤的一种外科病。骨折一般分

为开放性和非开放性两种。

【病 因】①笼底板制作不规范（间隔太宽、前后宽窄不一致等），致使肢体落入笼底隙缝，挣扎致骨折。②捕捉或从高层兔笼坠落。③运输途中受伤或患骨软症，也易造成骨折。

【症状与病变】一般突然发生。四肢发生骨折后，不能正常行走，甚至前进时拖地而行，骨折部检查时有异常活动感，触诊疼痛，挣扎尖叫，局部明显肿胀。有的骨折断端刺破皮肤露出皮外，并有血液从破口流出。

【诊断要点】 根据症状和检查结果即可做出诊断。

【防治措施】

1. 预防 制作兔笼底板要规范，间隙 1～1.2 厘米，前后缝隙宽度一致。运输途中更要注意不能让兔脚伸出笼外，以免因挣扎造成骨折。日常要管好笼门，防止家兔从高层掉下。

2. 治疗 ①对非开放性骨折，应使家兔安静，必要时给以止痛镇静药。在骨折部位涂搽 10% 樟脑酒精后，将骨折两断端对接准确，用棉花包裹患肢，外包纱布，而后以长度适合的木片（一般长度应超过骨折部的上下关节。木片不能超过包裹的棉花，以免木片两端摩擦皮肤，造成损伤）和绷带包扎固定，3～4 周后拆除。②对开放性骨折，在包扎前用消毒液清洗，撒布青霉素、磺胺结晶（1∶2），覆小块敷料，再按非开放性骨折的方法固定患肢，每天应注射青霉素，以防止感染。

对于已达出栏体重标准的骨折兔可做淘汰处理。

（十）冻 伤

冻伤是因环境低温的致病作用引起体表组织的病理损伤。

【病 因】气候严寒，兔舍、兔笼保温不良，易造成家兔的冻伤，露天饲养的兔更易发生。湿度大，饥饿，体弱，幼小，运动量小等均可促使本病发生。

【症状与病变】 青年兔、成年兔的冻伤多发生于耳部与足

部。一度冻伤表现为局部皮肤肿胀、发红和疼痛；二度冻伤时，局部形成充满透明液体的水疱，水疱破裂形成溃疡，溃疡愈合后遗留斑痕；三度冻伤时，局部组织干涸、皱缩以致坏死而脱落。病兔食欲下降，生长缓慢，种兔繁殖功能也受到影响。哺乳仔兔如在产箱外受冻后，全身皮肤发红、发绀，迅速死亡。

【诊断要点】 根据兔舍温度低和病变发生部位特征，即可做出诊断。

【防治措施】

1. 预防 严冬季节要做好兔舍保温工作。密切注意当地天气预报，突然降温来临之前，做好防寒工作，可用草帘或棉布帘挡住兔舍门、窗。

2. 治疗 治疗时要及时把冻伤家兔转移到温暖的地方，先用8～16℃温水浸泡冻伤部位，局部干燥后，涂搽猪油或其他油脂。对肿胀的用1%樟脑软膏涂抹。对于二度冻伤时，在囊疱基部较小的切口，放出液体，然后涂搽紫药水或2%煌绿酒精溶液。对于三度冻伤时，将冻伤坏死组织清除掉，用0.1%高锰酸钾水溶液或2%硼酸水清洗，撒一些青霉素粉或涂搽1%碘甘油。严重时全身可应用抗生素，静注葡萄糖、维生素B_1。

六、肿 瘤 病

（一）子宫腺癌

子宫腺癌是家兔较严重的恶性肿瘤之一，癌组织起源于子宫黏膜的腺上皮。

【病　因】 不够清楚。可能有多种原因，包括各种因素造成的内分泌紊乱等。本病的发生与母兔的经产程度无关，主要与年龄相关。

【症状与病变】 多发生于4岁以上的老龄兔。病初很少表现临诊症状，以后出现慢性消瘦和繁殖障碍，如受胎率下降，窝产仔数减少，死胎增多，母兔弃仔，难产，整窝胎儿潴留在子宫内，子宫外孕和胎儿在子宫内被吸收等。腹部触诊可摸到大小不等的肿块，其直径1～5厘米或更大。剖检见子宫黏膜有一个或数个大小不等的肿瘤。瘤体多呈圆形，色淡红或灰红，质地坚实，后期可在肺、肾上等其他脏器看到转移性的肿瘤。

【诊断要点】 根据症状可怀疑本病，但确诊必须依据病理学检查。

【防治措施】 建立合理的兔群结构，淘汰老龄母兔。对有繁殖障碍的母兔进行触摸检查，如怀疑本病，可予以淘汰。

（二）成肾细胞瘤

成肾细胞瘤又称肾母细胞瘤、肾胚瘤，是家兔尤其是未成年家兔较常见的一种肿瘤病，有的兔肉加工厂检出率可高达1%以上。

【病 因】 病因不详。但可能与遗传因素有关，有家族性，发生率可达25.6%。

【症状与病变】 无明显的临诊症状，或有泌尿功能障碍症状。各年龄兔均有发生，幼兔多发。触诊在肾区可摸到肿块。剖检见肿瘤发生于一侧肾脏，也可见于两侧，呈圆形或结节状突出于肾皮质表面，质地均匀，有包膜，切面色灰红或灰白，均匀致密，有时可见到小囊腔、出血、坏死。正常肾组织因肿瘤压迫而萎缩，甚至几乎消失。组织上可见肿瘤主要由肾小球和肾小管样结构的组织所构成。

【诊断要点】 根据触诊可以怀疑，但确诊需依靠病理学检查。

【防治措施】 如肿瘤位于一侧，且能触摸到时，可试用外科手术，打开腹腔，将肿瘤与剩余的肾组织全部割除。如触摸两肾均有肿瘤，则应淘汰。

【诊疗注意事项】 本肿瘤在屠宰后或病死后发现，生前很难做出诊断。在多数情况下不进行手术治疗。

（三）淋巴肉瘤

淋巴肉瘤是起源于淋巴组织的一种恶性肿瘤。

【病　因】 近年研究证明，本病的发生率与遗传有关，是一种常染色体隐性基因（LS）在纯合形成过程中，把淋巴肉瘤的易感性垂直传递给后代而导致的疾病。此外，也可能与其他因素有关。

【症状与病变】 本病较多发生于幼年和青年兔，以 6～18 月龄的兔更为易发。临诊主要表现：贫血，中性粒细胞减少，而未成熟的淋巴细胞大量增加，血红蛋白降低。剖检见多处淋巴结肿大、色灰白，消化道的淋巴滤泡和淋巴结明显肿大。脾肿大，切面有灰白色颗粒状结节。肾肿大，表面常有白色斑块和隆起，从切面可见这些病变主要位于皮质。肝肿大，表面有灰白色区和结节。胃、扁桃体、卵巢、肾上腺也常出现肿瘤性病变。

【诊断要点】 ①血象变化。②病理变化。

【防治措施】 淋巴肉瘤的发生率与遗传因素有关，因此要加强选种，病兔应进行淘汰，不宜留作种用。

（任克良）

第八章 遗传性疾病

一、牙齿生长异常

牙齿生长异常是指牙齿生长过长并变形，从而影响采食的一种疾病。

【病　因】 遗传因素；饲养不合理，如只喂粉料、牙齿不能经常磨损而过度生长等；饲料中缺钙。

【症状与病变】 各种兔均可发生，青年兔多发，上、下门齿或二者均过长，且不能咬合。下门齿常向上、向嘴外伸出，上门齿向内弯曲，常刺破牙龈、嘴唇黏膜和流涎。患兔因不能正常采食，出现消瘦，营养不良。若不及时处理，最终因衰竭而死亡。

【诊断要点】 根据牙齿过长变形病变即可确诊。

【防治措施】

1. 预防　①防止近亲交配。②淘汰兔群中畸形兔。③推广颗粒饲料喂兔。用粉料喂兔时，每天需给兔笼中放置一些带皮的新鲜树枝等，让兔自由啃咬。④日粮中添加富含钙的饲料。

2. 治疗　种兔或达出栏标准的商品兔及时淘汰。幼龄兔可用钳子或剪刀定期将门齿过长的部分剪下，断端磨光，达出栏标准时淘汰。

二、牛 眼

本病又称水眼，或先天性幼畜青光眼。是家兔中较常见的遗传性疾病之一。

【病 因】 可能是一种常染色体隐性遗传。家兔饲料中缺乏维生素 A 时易发。

【症状与病变】 5 月龄左右兔易发，单侧或双侧发生。患兔眼前房增大，角膜清晰或轻微浑浊，随后失去光泽，逐渐浑浊，结膜发炎，眼球突出和增大像牛眼一样。

【诊断要点】 根据病因和特征眼部病理变化可做确诊。

【防治措施】 供给富含维生素 A 的饲料；病兔不作种用；适时淘汰。

三、脑 积 水

【病 因】 ①遗传因素。具有不完全显性的常染色体性状。②营养因素。如维生素 A 缺乏等。

【症状与病变】 患病仔、幼兔脑门突出，似“脓疱”，常与无眼畸形、小眼畸形、眼球异位、虹膜和脉络膜缺损及白内障同时发生。患兔较同窝的兔弱小，抗病力差。剖检见脑部有大量的积水。

【诊断要点】 根据脑膨大，用手触摸有水样波动感即可诊断。

【防治措施】 制定科学的繁殖计划，避免近亲繁殖，淘汰有症状的兔只。

四、肾 囊 肿

肾囊肿是指肾脏中形成囊腔病变的疾病。

【病　因】 多由遗传性因素引起的肾脏发育不全所致，也可由其他原因（如慢性肾炎）引起。

【症状与病变】 临诊上一般无明显症状，有的仅表现精神不振，弓背，步态谨慎，排尿异常。肾囊肿多在尸体剖检时才被发现。1～6 月龄的兔即可见到。眼观受害肾脏有一至几百个大小不等的囊肿，分布在肾皮质部，小囊肿刚能看到，大者有豌豆大或更大。

【防治措施】 其后代不能留作种用，应做淘汰处理。

五、黄　脂

黄脂是指体内脂肪呈黄色的病理变化，其发生于遗传及食入某些富含黄色素的饲料（如黄玉米、胡萝卜素等）有关。黄脂对肉质外观和加工特性有一定的影响。

【病　因】 黄脂是一种隐性遗传性疾病。发生黄色纯合子隐性基因（y/y）的家兔，肝脏中缺乏一种叶黄素代谢所必需的酶，因此日粮中胡萝卜类色素群在体内不断贮藏，造成黄脂。黄脂的遗传性是与代表被毛颜色的 B 和 C 位点相连接的。

【症状与病变】 生前无临诊症状，一般在剖检时才被发现。对黄脂纯合仔兔，脂肪的颜色因饲料中胡萝卜类色素群含量水平不同而不同，可从淡黄色到橘黄色。

【诊断要点】 本病只有在宰后检查才可做出诊断。

【防治措施】 其后代不能留作种用，做淘汰处理。

六、低垂耳

低垂耳是指耳朵从基部垂向前外侧的一种遗传性疾病。

【病　因】 多发生在某些近交系品种中，被认为是一个以上基因调控的。

【症状与病变】 患兔耳朵大小正常，并没有受到不正常的外界因素的影响，但是耳朵从基部垂向前外侧。

【诊断要点】 根据表现即可诊断。注意与有些垂耳品种鉴别，但垂耳兔是由于耳超重量而呈现单纯地向下悬挂，其遗传特性也被认为多基因控制。

【防治措施】 淘汰兔群中有低垂耳表现的个体。避免近亲繁殖。

七、畸　形

畸形是动物在胚胎发育过程中受到某些致病因素的作用而产生的形态结构异常的个体。

【病　因】 引起畸形的原因除了有遗传基因突变外，环境污染、病毒、营养缺乏、药物等也可引起。

【症状与病变】 畸形表现多种多样，较常见的有连体畸形、“象鼻”畸形、外生殖器畸形、泌尿系统畸形，无眼珠，乳房畸形，神经系统畸形和内脏器官的缺失，如胆囊异常大、缺失、无蚓突等。

【防治措施】

1. 预防　①防止近亲繁殖。认真检查母兔健康状况，发现疾病时要等治愈后才能配种。②按照国家相关标准使用药物，严禁使用违禁药物。

2. 治疗　对患兔适时做淘汰处理。

八、隐　睾

隐睾或隐睾症是指公兔阴囊内缺少一个或两个睾丸。公兔出生后一段时间内睾丸应下降至阴囊内，而患兔却有一个或两个睾丸永久地位于腹股沟皮下或腹腔内。

【病　因】不十分清楚，但明显有遗传倾向性。

【症状与病变】临诊常见一侧隐睾，双侧隐睾少见。将患兔身仰卧保定，可见患侧阴囊塌陷、皮肤松软，而健侧阴囊突出，内含正常睾丸，左右侧明显不对称。

【诊断要点】阴囊睾丸触诊是确定隐睾的简单可靠的方法。诊断时要注意有的睾丸可能进入腹股沟内，此时如轻拍后臀睾丸即可坠入阴囊。

【防治措施】因隐睾公兔的生精能力下降或不能生精，故其不能作为种用，应适时淘汰。

九、缺毛症

缺毛症是指家兔缺乏生长绒毛能力的一种遗传性疾病。

【病　因】有几种隐性基因都会阻止绒毛的生长，主要有 f、ps-1 和 ps-2 基因，其中以 f 基因最为常见，且对绒毛生长阻碍作用最大。

【症状与病变】患兔仅在头部、四肢和尾部有正常的被毛生长，而躯体部只长有稀疏的粗毛，缺乏绒毛。同窝其他仔兔缺毛症的发病率也较高。

【诊疗要点】注意与食毛兔区别，食毛兔的病变部粗毛、绒毛均被啃掉。

【防治措施】适时出栏，不宜作种用。

十、开张腿

开张腿又称八字腿，是指兔的一条或全部腿缺乏内收力的站立状态。

【病　因】开张腿是一种描述症状的术语，其本质包括脊髓空洞症、盆骨发育不良，股骨脱臼和遗传性前肢远端弯曲等。除遗传因素（如近亲繁殖）外，兔笼过小或笼底竹板方向与笼门平行所致。

【典型症状】患兔不能把一条腿或所有腿收到腹下，行走时姿势像“划水”一样，无力站起，总以腹部着地躺着。症状轻者可做短距离的滑行，病情较重时则引起瘫痪，患兔采食量大，但增重慢。

【诊断要点】根据典型症状即可出诊断。

【防治措施】

1. 预防 ①避免近亲繁殖。②兔笼底竹板方向应与笼门相垂直，兔笼面积不宜太小。③淘汰患兔。如病情轻微，可在笼底垫以塑料网，或许能控制疾病的发展。

2. 治疗 适时做淘汰处理。

十一、癫 痫

癫痫是脑功能性的疾病，以周期性反复发作、意识丧失、阵发性与强直性肌肉痉挛为特征。按原因分为真性（原发性）癫痫和症状性（继发性）癫痫。

【病 因】真性癫痫与遗传因素有密切关系。大脑无器质性改变，但脑功能异常。癫痫的发作，可以是无任何先兆，也可能因突然的声响、光线照射或受到惊吓而发病。症状性癫痫的原因主要有两个方面：一是脑内因素，如脑炎、脑内寄生虫、脑肿瘤等；二是脑外因素，主要见于低血糖、尿毒症、外耳道炎、电解质失调以及某些中毒病。

【症状与病变】真性癫痫发病急，患兔突然倒地，意识丧失，肢体强直性痉挛，瞳孔散大，失去对光反射。牙关紧闭，口流白沫。呼吸短时间停止，随后急促，排尿、排粪失禁，一般持续半分钟或数分钟，症状自行缓解，痉挛逐渐消失，呼吸变为平稳，意识恢复，自动站起。但刚恢复后的病兔，仍有软弱无

力、神态淡漠的表现。症状性癫痫除上述表现外，尚有原发病的症状。

【诊断要点】 突然倒地，强直痉挛，口吐白沫，瞳孔散大，丧失意识，几分钟或十几分钟即恢复正常。注意与脑震荡鉴别。

【防治措施】

1. 预防　病兔要保持安静，避免各种意外的刺激，如突然的声响、强烈的光线及惊吓等。

2. 治疗　真性癫痫时，由于病因不明，所以只能对症处理，主要采取镇痉疗法，以减少和抑制癫痫的发作。可口服三溴合剂（溴化钾、溴化钠、溴化铵各等份），或静脉注射安溴合剂（每只2～3毫升）等。症状性癫痫，应及时治疗原发病。

十二、震　颤

某些品种兔呈现一种摇摆抖动型震颤。

【病　因】 是由单个隐性基因（tr）遗传信号所决定的。

【症状与病变】 发生在10～14日龄，最初的症状是全身和头部轻微震颤，并且有时间的节段性。休息时减轻、喧闹时加重，甚至影响吞咽动作，但体重增长不受影响。随着后腿松弛瘫痪，2个月龄时前腿也受影响，3个月龄时，由于完全瘫痪、虚弱和褥疮溃疡的感染而死亡。有些公兔和较轻病兔可活到性成熟，并有繁殖能力，但有的公兔由于缺乏精子而不育。

【防治措施】 淘汰处理。

（任克良）

参考文献

［1］陈怀涛．兔病诊治彩色图说［M］．北京：中国农业出版社，1998．

［2］任克良．兔病诊断与防治原色图谱［M］．北京：金盾出版社，2012．

［3］王永坤，刘秀梵，符敖齐．兔病防治［M］．上海：上海科学技术出版社，1990．

［4］蒋金书．兔病学［M］．北京：北京农业大学出版社，1991．

［5］任克良．现代獭兔养殖大全［M］．太原：山西科学技术出版社，2002．

［6］王云峰，王翠兰，崔尚金［M］．家兔常见病诊断图谱．北京：中国农业出版社，1999．

［7］柴家前．兔病快速诊断防治彩色图册［M］．济南：山东科技出版社，1998．

［8］程相朝，薛帮群，等．兔病类症鉴别诊断彩色图谱［M］．北京：中国农业出版社，2009．

［9］任克良．兔场兽医师手册［M］．北京：金盾出版社，2008．

［10］任克良，陈怀涛．兔病诊疗原色图谱［M］．北京：中国农业出版社，2014．

［11］任克良．兔病诊治原色图谱［M］．北京：机械工业出版社，2017．